いちばんよくわかる

ウイスキーの教室

山下大知 著

The most understandable lecture on whisky

Text by Daichi Yamashita

彩図社

乾杯の前に

「ウイスキーはハードルが高い」というような声をよく聞きます。なぜでしょうか。

それこそ、ワインや日本酒では「イタリアワインが好き」「お米を磨いた吟醸系が好き」など、ご自身の好みが明確にある方は多くいますが、ウイスキーに関してはあまり多くないように感じます。**私はその理由をウイスキーの「わかりづらさ」にあると考えております。**

商品説明なんかも、知識があることを前提に記されているので、情報の優先度が分かりにくいことが多いです。例えば、説明には「『グレンモーレンジ』では硬度１９０の水を使っていて……」と書かれていますが、味わいにどのような影響があるかは書かれていません。「ウイスキーを知りたい！」というビギナーには、どの情報を拾って、どの情報を捨てればよいかが判断できないので、結局「よくわからない」で終わってしまいます。

実際、私が飲み始めたころはそうでした。ラベルを見たり、ウイスキーについての本を読んでも、「だから何？」という情報が多過ぎて、混乱してしまうこともありました。

ですが、ウイスキーについて調べたり飲み比べたりしていくうちに、知識がどんどんつながり、分かることが増えてきました。それはまるで、頭の中にウイスキーの地図ができていくようでした。

そしてある程度知識を持った今は、「そういうことだったのか」ということも多々あります。知っていれば「なるほど」となりますが、知らないとせっかく公開してくれている情報を持て余してしまうのです。せっかくバーでいろいろなウイスキーを飲んでも**全部「美味しい」、「美味しくない」だけで終わらせてしまうのはもったいない**ことです。

そこで本書では、知っているとよりウイスキーを楽しめる知識を、「入門的な内容も網羅しつつ、専門書の入り口まで」をコンセプトにまとめました。

例えば、よくあるウイスキーの説明としては、「ザ・マッカランは上品な甘みと華やかな香りが特徴で、ボディはしっかりしていて厚みのある味わいです」などというものがありますが、実際に飲んでみてそう感じたとしても、「確かにそうだ」という感想で終わってしまい、そこからの発展は見込めないでしょう。

そこで本書では、製造のどのような工程からそのような風味が生まれるか、といったところも詳しく解説することにしました。先ほど例に挙げた「ザ・マッカラン」ならば、「シェリーカスクという樽で熟成することにより、ドライフルーツのような華やかな香りがあります。また、味わいに表れている甘いニュアンスも同じくシェリーカスクに由来します」というように。

原理原則から説明しているので、難しい内容も含まれていますが、いったん理解してしまえば、かなり応用の利く知識になると思います。ただし、製造工程を一から説明されたところでわかりづらいですし、皆さんの今後のウイスキーライフに貢献できないと考えているので、それぞれ説明が必要になったところで重要なものだけを抽出してお話ししていきます。

そして、どうしても紙面では伝えられないことがあります。それはウイスキーの味です。私はソムリエの資格も持っているので、「これは〜の香りがして味は……」というようなことは書けるのですが、いきなり「アカシアのハチミツのような……」などと言われてもピンと来ないでしょうし、あくまでも私の主観となってしまいます。

フルコメントのテイスティングノートなんかを読んでも、実際に全てが一致するわけではありません。インターネットで調べればいろいろな人のテイスティングコメントを見ることができますが、専門家同士の意見を比較してもかなり異なることがあります。

それでも、味わいの特徴を感じてもらうためには、このような「表現」は使わざるを得ませんので、本書ではなるべく身近で簡単なものにしました。オレンジやヴァニラなど、本書で使用しているのはその程度です。

ですから、本書はぜひ、**実際にウイスキーを飲みながら読み進めてください。**

本書では、まず1章目でウイスキーの基礎知識についてご紹介しますが、それ以降の章では、多くの蒸留所とボトルをご紹介しています。ご紹介するウイスキーは典型的な味わいのものとし、バーに行けば比較的見つかりやすいものにしてあります。

そもそも香りや味を楽しむはずのウイスキーについて、文章で読むだけなんて面白くもなんともない。ぜひバーに足を運んでみてください。そして、実際にその知識とウイスキーの味や香りを照らし合わせてみてください。そのために、本書の体裁も実際に一緒に飲み進めていくという形をとっています。

本当は、ご紹介するのと同じような順番でウイスキーを飲み進めていただくのが理想なのですが、本数が多いため全てを試すというのはかなり難しいと思います。そこで、「これだけは」というウイスキーを各章の最後にまとめました。これらだけでも、ぜひ実際に飲んでみて、「こういう違いがあるのか」というのを体感していただくのがいいかと思います。

「この章の後にこれを飲んでみてください」という宿題のような書き方になってしまいますが、内容はウイスキーを飲むことです。人生で最もときめく宿題ですね。

また、多くのバーのスタッフの方も、お酒に興味のあるお客様には特に親切にお酒のことを教えてくれます。本書をその「手形」として「今ウイスキーを勉強中なんですけど……」と切り出せば、バーでの会話も盛り上がるかと思います。

ぜひ本書を片手に違いを楽しむ、いわば**「嗜好品的な」楽しみ方を知っていただきウイスキーを「趣味」にしていただけたら**、と思います。

Contents

2杯目 スコッチウイスキーを愛《め》でる・51

スコッチウイスキーを飲む前に・52

スコットランドの シングルモルトウイスキーの基本・72

スコットランドの地域を知るための５本・78

スペイサイドモルトウイスキーを飲む・80

スペイサイドを知るための５本・100

ハイランドモルトウイスキーを飲む・*102*

アイラモルトウイスキーを飲む・*132*

ローランド／キャンベルタウンモルトウイスキーを飲む・*162*

アイランズモルトウイスキーを飲む・178

スコッチのブレンデッドウイスキーを飲む・194

３杯目 アイリッシュウイスキーに浸《ひた》る・203

アイリッシュウイスキーを飲む・204

Guidance

〈本書のご案内〉

本書では多くの蒸留所、ウイスキーのブランド、ボトルを紹介しています。しかしどれが蒸留所名で、どれがブランド、ボトルなのか混乱してしまうこともあるかと思います。そこで、次のように記載しました。

蒸留所名……【〇〇〇〇】
ブランド名……〈〇〇〇〇〉
ボトル名……「〇〇〇〇」

例

【フォアローゼズ《Four Roses》①】
【フォアローゼズ】では2種類のマッ
10種類の原酒が造られます。さらにそ
ド比率などの情報がないため、本格的
ゼズ〉のみですが、様々なラインナッ

〈フォアローゼズ〉
エントリーレンジは「**イエロー**
の「**ブラック**《Fine Old》」くらいだと蒸留所の
「**スモールバッチ**《SMALL BATCH》」や「**シングルバレル**《Single Barrel》
ただし、最上位の「**プラチナ**《Super Premium》」など
違ったキャラクター。1つのブランド
んでみるしかない」とは言いましたが

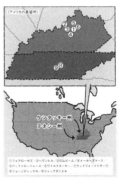

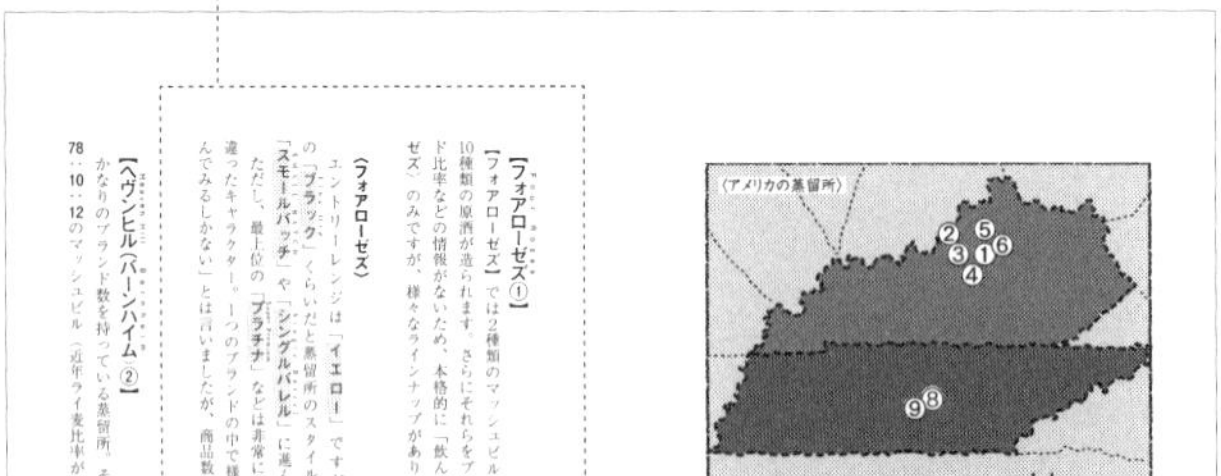

chapter1

Basic knowledge about whisky.

1杯目 ウイスキーの基本

ウイスキーの定義と分類

ウイスキーって何？

まずはウイスキーとは何か、というところから始めていきましょう。

この章では基礎知識を紹介する関係上しばらくお勉強が続きますが、ここを押さえておけばその後紹介するウイスキーを飲む際に理解が容易になりますので、少しだけお付き合いください。

さて、ウイスキーは茶色いお酒ですよね。おしゃれに言うと琥珀色。皆さんはなぜウイスキーがこの色なのかご存知ですか？

実は、蒸留したばかりのものは透明です。透明な状態で樽の中に詰められ、熟成していく過程で樽の成分が溶け出して、透明だったものが徐々に色づいていくのです。そして熟成するにつれて色が濃くなっていき、5年、10年と長い歳月をかけて琥珀色になったものがボトルに詰められていくわけです。

ちなみに蒸留直後の無色透明のウイスキー（厳密にはまだウイスキーとは呼べません）を

ニューポットと呼びます。

ここで、ウイスキーの定義についてお話ししますが、覚えなくて結構です。なんとなく眺めてみてください。一般にウイスキーの定義は以下の3つとされています。

①穀物を原料としていること
②糖化《とうか》、発酵、蒸留を行っていること
③木樽《きだる》熟成をしていること

実際に定義を並べたところで「そういわれても……」と思いますよね。

要は他の蒸留酒と区別をしているだけです。ウイスキーと同じく蒸留で造られる蒸留酒は、ウォッカやジンなど、様々なものがありますが、その中で何がウイスキーとされるかといえば、右の定義を満たしているものである、ということです。

例えば、ジンやウォッカは②を満たすが、③の木樽熟成を行っていない、ブランデーは②、③を満たすがブドウが原料のため、①を満たさない、といった具合です。右でお話ししたニューポットはまだ③の木樽熟成はされていませんよね。そういった意味で、その段階ではまだウイスキーと呼ぶことができません。

補足ですがジンやウォッカなどの無色透明な蒸留酒をホワイトスピリッツ、ウイスキーやブランデーなどの木樽熟成をした褐色の蒸留酒をブラウンスピリッツと呼びます。

世界5大ウイスキーから見る分類

次に、ウイスキーの分類も見てみましょう。ウイスキーは産地によって分類されることが多く、最もポピュラーなのは5大ウイスキーという分類です。

皆さんは「世界5大ウイスキー」と言われたら何かわかりますか？　正解は次の5つになります。

Ⅰ・スコッチウイスキー（スコットランド）
Ⅱ・アイリッシュウイスキー（アイルランド）
Ⅲ・ジャパニーズウイスキー（日本）
Ⅳ・アメリカンウイスキー（アメリカ）
Ⅴ・カナディアンウイスキー（カナダ）

5大ウイスキーの話題では左のような表で説明されることが多いかと思います。

一度に覚えようとしたらしんどいですよね。もちろんこれも今の段階では覚えなくて大丈夫です。まるまる覚えずとも、理解してしまえば意外と簡単なことなので、本書を読み終えるころには頭に入っていると思います。

しかしながら、実際に違いを見ていく中でこのような分類はとても便利です。頭の中で整理し

〈世界5大ウイスキー〉

地域	種類	源料
スコットランド	モルトウイスキー	モルト
	グレーンウイスキー	トウモロコシ、モルト、大麦、小麦など
アイルランド	モルトウイスキー	モルト
	グレーンウイスキー	トウモロコシ、モルト、大麦、小麦など
	ポットスティルウイスキー	モルト、大麦、小麦など
日本	モルトウイスキー	モルト
	グレーンウイスキー	トウモロコシ、モルト、大麦、小麦など
アメリカ	バーボンウイスキー	トウモロコシ51%以上、モルト、ライ麦、小麦など
	ライウイスキー	ライ麦51%以上、トウモロコシ、モルト
	ホイートウイスキー	小麦51%以上、トウモロコシ、モルト
	コーンウイスキー	トウモロコシ80%以上、モルト
カナダ	フレーヴァリングウイスキー	トウモロコシ、ライ麦、モルトなど
	ベースウイスキー	トウモロコシ、ライ麦、モルトなど

ていく「引き出し」としてこれらの分類を用いましょう。細かいことまで気が回るようになったら、さらに仕切りを作って整理していけば良いのです。

そのため、この章ではまず、これらの5つの引き出しを頭の中に置いていただけるようにざっくりとした特徴をお話ししていきます。

表の上3つ、スコットランド、アイルランド、日本のラインナップは似ていますね。下2つのアメリカ、カナダは一見、別物に見えますが、実は名前が違うだけで、共通項があります。

細かい点については後ほどご説明するので、ここでは、5大ウイスキーがあることと、なんとなく上3つと下2つで分かれるなというイメージを持ってください。

ウイスキーの造り方

原料と分類及び糖化・発酵のこと

5大ウイスキーについて、より掘り進めていきたいのですが、5大ウイスキーの特徴をより理解しやすくするためには、まず、「ウイスキーが何からどうやってできているのか」をお話しする必要があります。

皆さんは**モルト**《malt》と言われて何かわかりますか？　モルトの複数形である「モルツ」がビールの商品名にもなっていたりするので馴染みはあるかと思いますが、何のことかわからない方も多いかと思います。日本語にすると「大麦麦芽《おおむぎばくが》」。余計何かわからないですね。

要するに、大麦をある程度発芽させたものなのですが、なぜモルトを用いるのかというと、ウイスキーの定義②の「発酵（アルコールにすること）」の過程で都合が良いから。大麦に含まれるデンプンはそのままでは発酵できないため、ブドウ糖や麦芽糖に変えなくてはならない（糖化する）わけですが、その工程を行う酵素をこの麦芽から得ているのです。

さて、このモルトのみで造られているウイスキーが17ページの表の中にいくつかありますね。スコットランドやアイルランド、そして日本。

実は、ジャパニーズウイスキーの父として有名な**竹《たけ》鶴《つる》政《まさ》孝《たか》**氏が20世紀初めにスコットランドでウイスキーの研修を行い、その経験や知識をもとにウイスキーの製造を行いました。そのため、ジャパニーズはかなりスコッチの流れを汲んでいると言えます。実際、表の日本の項は「モルトウイスキー」と「グレーンウイスキー」となっていて、スコッチと同じ内容になっていますよね。

グレーンウイスキーの話が出てきたので、こちらの説明もしたいのですが、困ったことにあまり説明することがありません。

グレーン《grain》は日本語で「穀物」。つまり穀物から造られたウイスキーのことを指すのですが、ウイスキーの定義に「①穀物を原料としていること」とありますから、ウイスキーなら穀物から造られているのは当たり前ですよね。

そして、グレーンウイスキーは名前の通り、穀物を原料として糖化・発酵し、造られています。モルトウイスキーと違い、こちらでは大麦以外にも、トウモロコシや小麦、ライ麦など様々な穀物が用いられます。

グレーンは、単体で飲む機会はほとんどないと思います。グレーンのほとんどはモルトとブレンドされて市場に出回っているため、グレーンが単一で瓶に詰められていることはめったにないからです。

そして、このモルトとグレーンをブレンドしたものを「**ブレンデッドウイスキー**」と呼びます。こちらもそのままですね。

〈シーバスリーガル《CHIVAS REGAL》〉や〈バランタイン《Ballantine's》〉などの有名銘柄の多くがこのブレンデッドに分類されます。

蒸留のこと

ウイスキーの定義②によると、ウイスキーの原料である穀物がウイスキーとなるためには、糖化・発酵に加えて「蒸留」が必要でした。

皆さんは「蒸留」と聞いて、どのようなものかイメージできるでしょうか。

なかなか難しいかと思います。簡単に言うと「アルコールの含まれた液体を加熱してアルコール度数を高くする工程」です。

それでは、この蒸留の過程でどのような変化が起こるのでしょうか。

まず、発酵の工程が終わったところで、**モロミ**という液体ができます。これは原料の穀物を発酵させた液体ですね。実はこのモロミ、原料が穀物（特に大麦であればさらに）であることもあって、見た目や味わい、香りとともにビールにかなり近いです。度数も一般に7~9%。これも同じくらいですね。
「ビールを蒸留したものがウイスキーで、ワインを蒸留したものがブランデー」といった乱暴な説明がされることがたびたびありますが、一番大きな違いはホップで香りを加えているビールと比べて、モロミにはこれが含まれていないことです。

さて本題の蒸留です。水は100℃で沸騰して気体になりますが、アルコールは78・3℃で気体になります。これを利用して、アルコールを含んだ液体からアルコールを分離していき凝縮します。正確には、モロミを加熱して、気体となったアルコールを冷却して液体に戻す、という工程を取ります。
この時に香気成分なども凝縮するためウイスキーの個性となっていくわけです。さらに、この過程で香気成分が新たに生成されたり、不快な香気成分が除去されることも知られています。

ウイスキーを蒸留する際に使われる蒸留器には主に2つのタイプがあります。更に細かく分類することもできるのですが、ここでは、大きな分類でお話ししていきます。その2タイプとは単式と連続式。名前の通りで、蒸留器の中で蒸留が何度行われるかの違いです。
まず1つ目は**単式蒸留器**。ポットスティル《Pot still》とも呼ばれていて、銅で造られています。これは蒸留を行う度にモロミを投入するもので、主にモルトウイスキーで使われる手法です。これらの手法を用いる際には単式蒸留器を複数用いて2回蒸留することがほとんどです。スコットランドやアイルランドの一部の蒸留所では3回蒸留を行っているところもあります。

モロミのアルコール度数は7〜9％とお話ししましたが、一度目の蒸留（初留）で22〜25％の初留液が出来上がり、この初留液を再度蒸留（再留）することで、63〜73％のニューポットが得られます。ちなみに、3回蒸留を行うと、最終的に80％程度までアルコール度数が上がります。

2つ目は**連続式蒸留器**。内部で連続的に蒸留を行うことのできる蒸留器で、モロミも連続的に投入していきます。内部は数十段の階層構造になっており、各段でウイスキーの蒸留を繰り返すことで90％以上の度数のニューポットを造ることができます。

単式と比較して圧倒的に手間が少ないという利点があります。また、アルコール度数が高いと熟成が早く、樽の影響が大きくなることが知られています。

さて、これら2つの蒸留方法で造られたスピリッツにはどのような違いがあるのでしょうか。

一般に単式蒸留器で造られたものは原料や製造工程の香気成分が強く酒質に影響を与えるとされていて、個性が強いことから**ラウドスピリッツ**と呼ばれます。

「ラウド」は直訳すると「騒がしい」ですが、それではあんまりなので「**主張が強い**」と訳しておこうと思います。モルトがもっとも有名で、その他にはアイルランドのポットスティルウイスキーや、一部のアメリカのバーボンなどはこの製法から生まれます。

一方で、連続式蒸留器で造られたものは穏やかで軽い酒質となり、**サイレントスピリッツ**と呼ばれています。直訳すると「静かな」。「**大人しい**」というような訳でいかがでしょうか。こちら

〈単式蒸留器〉

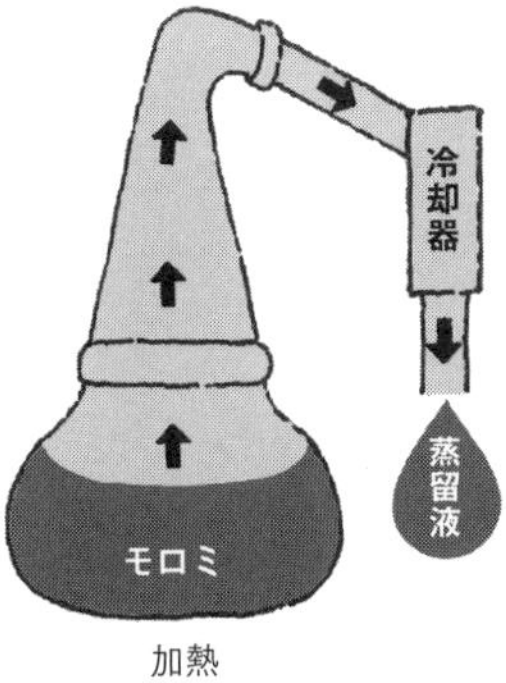

↑ アルコールを含んだ蒸気

モロミを加熱し、アルコール分を蒸発させ、その蒸気を集めて冷却器で冷やして液体に戻すことで、アルコール濃度の高いニューポットを造る。

〈連続式蒸留器〉

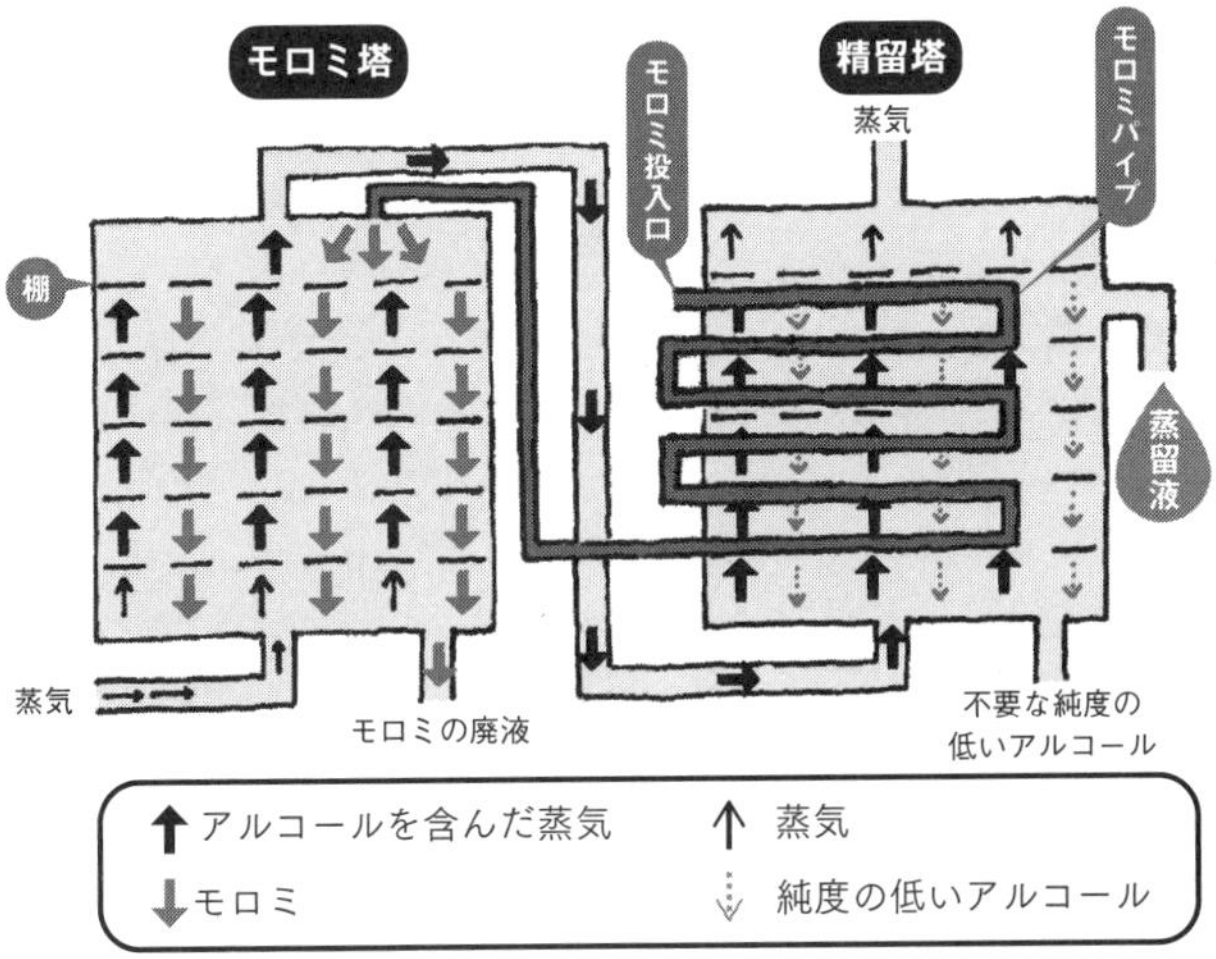

【モロミ塔】

「棚」の部分には無数の穴が開いており、上から落ちてきて棚にたまっているモロミの間を、下から上がってきた蒸気が通ることで、モロミのアルコールが蒸気に取り込まれる。

【精留塔】

20度程度のモロミを「モロミ投入口」から「モロミパイプ」に入れることで、精留塔に入ってきた蒸気を冷やし、液体に戻すことで、アルコール濃度の高いニュポットを造る。

はグレーンがもっとも有名で、アメリカンやカナディアンのほとんどもこれらに近い仕組みを用いて造られています（厳密には少し違いますが）。

また両者にはアルコール度数の差があります。多くの単式蒸留器で造られたもののアルコール度数が約70％であるのに対して、連続式蒸留器からのスピリッツでは成分の90％がアルコールなわけです。そうなると、香気や味わいに影響を及ぼす要素が10％しか含まれていないということになるため、個性は控えめになってしまいますよね。そういった点でも、連続式蒸留器から造られるものはサイレントと評されています。

先ほど、「アメリカンの製造でも連続式蒸留器が用いられる」とお話ししましたが、バーボンなどでは法律でアルコール度数80％以下の蒸留が義務付けられているため、グレーンと比較すると香気成分などを多く残して蒸留していることになります。

熟成のこと

そして蒸留が終わると、いよいよ定義③の熟成です。ウイスキーは、樽熟成を経ることで味わいが変化します。**熟成の時にどんな樽を使うかも、ウイスキーが造られるうえでは大きなポイントとなります**。この点については後々必要になった段階でお話ししますので、ここでは樽熟成がウイスキーに与える全体的な影響についてお話しします。

樽熟成まで理解するとかなりウイスキーの世界に慣れたような感じがすると思います。もちろん好みのウイスキーも見えてきますし、気分によってウイスキーを選べるようになってきます。

それでは早速樽熟成について見ていきましょう。

蒸留したての無色透明のニューポットが樽に入れられ、熟成されることで褐色のウイスキーになっていきます。そして、樽熟成の過程を経ることで、ウイスキー特有のフレーヴァーを獲得します。ニューポットの段階では、味わい的にも角があり、刺激があるものですが、樽熟成の魔法によってこのとげとげしさも少なくなり、徐々にまろやかになっていきます。

実際に樽熟成が味わいに与える影響は大きく、「樽の熟成で味わいの95％が決まる」という生産者もいるほどです。私の考えとしては、95％は言い過ぎだと思いますが、「ニューポットの段階で幅が決まり、樽熟成次第でその範囲内を行き来する」と考えておけば問題ないように思います。

余談ですが、人間も「先天的に才能の幅が定められていて、努力をすることでその最大限まで実力を伸ばせるが、いくら努力してもその範囲を超えることはできない」という説があるそうです。バーボンをどのように熟成してもスコッチの味わいにはならないし、その逆もまたしかり。人間についての説が正しいか間違っているかは別にして、似たような考え方で良いかと思います。

さて、樽の中で、具体的にどのような変化が起こるのでしょうか。味わいがまろやかになること、ウイスキー特有の味わいを得ることの2つに注目して、考えてみましょう。

①とげとげしさがなくなりマイルドになる

「熟成したウイスキーはマイルドになる」、お酒を飲んだことがない人でもこのようなイメージがあるのではないでしょうか。実際にこれは正しいのですが、なぜこのようになるのでしょうか。

これを一から全て説明しようとすると、水分子、水素結合、クラスターなど非常に科学的なことからご説明しなくてはなりません。そのため、ここでは要点のみをお話しします。

分子レベルで見ると、ウイスキーの中には水分子とエタノール分子（アルコールのこと）が別々に存在していますが、熟成するに従って、水分子がエタノール分子を取り囲みます。ニューポットの段階ではエタノール分子がむき出しのため、エタノール分子が舌にダイレクトに触れるので、アルコールの刺激を強く感じます。

しかし、熟成が進んだウイスキーでは水分子がクッション的な役割を果たし、エタノール分子が舌に到達するころにはエタノールが水で薄められているために、まろやかに感じられるということです。

そして、このプロセスには非常に長い時間が必要です。これも、ウイスキーを長い時間をかけてゆっくり熟成させる理由の1つと言えます。

この説明だけですと、時間をかければ樽を用いなくてもこの過程はクリアできそうな気がしてしまいますが、樽の成分の一部がこの水とエタノールの反応を促進することが知られています。樽はウイスキーに自身の成分を提供するだけでなく、よりまろやかにする働きもあるんですね。

②ウイスキー特有の味わいを得る

これは樽の成分がウイスキーに移っていくことに起因します。細かいことは後々ご説明するとして、使用する樽の種類で味わいが変わる、ということだけ押さえておいてください。

さて、簡単にですが、①まろやかになる過程と、②特有の味わいを得る過程をご理解いただけたでしょうか。個人的なイメージですが、①は「人間の成長」、②は「お化粧」に似ていると思っています。これだけでは意味が分からないと思うので少し補足させてください。

「①とげとげしさがなくなりマイルドになる」をイメージで

若い時にやんちゃしていた人も年を重ねるごとに落ち着いていきますよね。ウイスキーも同じで、若気の至り（ニューポットのとげとげしさ）は時間が解決してくれます。

人は5歳くらいだとまだ落ち着きがなかったり、じゃじゃ馬なところがありますが、さらに時間を経て10歳、20歳になれば周りからマナーや礼儀を吸収して、円熟していくと思います。ウイスキーも年を重ねるごとにマイルドになっていきます。ただし、周りから吸収するものはマナーでも礼儀でもなく、樽の成分です。

また、ウイスキーには反抗期がないので15年から急に激しさを増すようなことはありません。時間が経てば経つほど、まろやかになっていきます。

「②ウイスキー特有の味わいを得る」をイメージで

ニューポットの段階から持っている特徴を「生まれ持ったもの」と考えると、樽熟成で得られるフレーヴァーは「手を加えた」ために得られる部分であると言えます。それぞれを「すっぴん」と「お化粧」、または「体型（スタイル）」と「服装（ファッション）」とざっくりとらえてみるとウイスキーの個性がイメージしやすくなると思います。

ウイスキーは熟成時に使用する樽の種類によって味わいが大きく変わるとお伝えしましたが、これはお化粧道具や服装のテイストが変わる感覚。「姉妹（同じ蒸留所）なのに全然違う！」ということもあり得ます。お化粧が濃かったり、薄かったり。どちらが好みかは、人それぞれだと思います。このあたりは後々詳しくお話しします。

また、酒質の重さや軽さについては蒸留の段階で決まるので、スリムなのか、ふくよかなのかはウイスキーに関しては「生まれつき」ということになります。ただし、スリムだけど少しふくよかなように見せる、などのことは熟成で微調整ができます。ちょっとだぼっとした服を着せるような感覚でしょうか。

2つを併せて「ウイスキーたちは蒸留所で成長し、おめかししてもらってから、社会に出ていく」そんなイメージでいかがでしょうか。

ちなみに、一般的には熟成年数が長いほど樽の影響は強く出てきます（樽と長く接しているため）。つまりウイスキーは若い時ほど薄化粧。年を取るごとにお化粧が濃くなっていきます。そんなところも人間に似ていますね。あくまでイメージですよ。

熟成年数による価格の違い

ところで、ウイスキーは長期熟成になるほど値段が高くなります。50年ものなんかも世の中には出回っていますが、信じられないくらいのお値段です。もちろん時間と手間がかかっている、というのもありますが、そのほかにも主に2つ理由があります。

①ウイスキーが蒸発して量自体が減る
②アルコール度数が低くなる

①ウイスキーが蒸発して量自体が減る

当たり前ですが、ウイスキーは樽の中で熟成されます。樽というのは言ってしまえば木材なので、細かな隙間があり、もちろん密封されているわけではありません。その隙間からウイスキーが逃げていってしまいます。

それが長い年月であればなおさらで、樽の大きさや、熟成環境にもよるのですが、例えばスコットランドでは1年目に2〜4％、2年目以降は1〜2％ずつ樽の中のウイスキーが空気中に逃げてしまいます。

計算を簡単にするために、1年目を3％、それ以降を1・5％とすると、10年で約15％、20年では約30％のウイスキーが失われる計算です。この計算を続けていくと60年で約90％となり、65年ほどで樽が空っぽになります。なくなってしまっては元も子もないですが60年で1／10になってしまったら、値段も相応にしないとやっていられませんね。

「蒸留所の樽からウイスキーがなくなった」と聞いたら、見ず知らずの私でも悲しいのに、蒸留所でウイスキーを造った方はなおさらです。しかし自然現象なので、悲しみをぶつけるやり場もありません。そこで、ウイスキー業界では、伝統的にこの目減りした分を「**天使の分け前**」、英語では「**エンジェルズシェア**」と呼んでいます。

要は、「ただただなくなったのは納得いかないけれど、天使が飲んだのなら仕方がない」という心持ち。いちいちおしゃれです。同名の映画もありますし、スコットランドの蒸留所を見学に行ったら必ず聞かされるフレーズ。あちらの方も気に入っているのだと思います。

②アルコール度数が低くなる

アルコールも同様に飛んでいきます。蒸留のお話をしたときに触れましたが、アルコールは水よりも、沸点が低いのでしたね。つまり、同じ温度下であれば、水よりもアルコールの方が空気中に逃げていくので、アルコール度数が下がります。

これも同様に長ければ長いほど、ですね。一般にニューポットは62・5％ほどで樽に詰められますが、20年経つと約55％、50年も経てば40％ほどまで落ち着きます。

例として、出来上がった7リットルのウイスキーを40％に加水して瓶詰めすることを考えてみましょう。40％の50年ものは加水する余地もありません。そのまま詰めて10本が出来上がります。一方、20年ものの方は加水した結果、約14本のボトルにウイスキーが行きわたります。

長期熟成は量も少ないうえに、加水もできない。金額が高くなるのも当然ですね。例えば、2020年にサントリーが「山崎55年」を発売しますが、その金額は1本3000万円。プレミア価格ではなく定価でこの値段はおそらく史上最高だと思います。

余談ですが、実は、法律の関係で、スコットランドやアメリカではアルコール度数が40％ないとウイスキーと認められません。以前、マッカラン蒸留所を訪問した際に、50～60年のような非常に古い樽のストックも見学させていただきましたが、ガイドの方が「とても大切な樽だからアルコール度数のチェックは怠れない」とおっしゃっていました。

じっくり大切に育てていた貴重な原酒が、ある日突然ウイスキーじゃなくなってしまったら大変ですものね。じっくりもほどほどに、ですね。

世界5大ウイスキーの概要をざっくりと

味わいから見る5大ウイスキーの特徴

さて、ウイスキーができるまでの工程はざっくりお分かりいただけたと思いますので、ここまでの内容を踏まえて、最初にご紹介した5大ウイスキーの特徴を押さえましょう。

Ⅰ・スコッチウイスキー

スコッチはモルトとグレーンが生産されているものの、グレーンは単体ではほとんど瓶詰めされず、ブレンデッドとして販売されていることは、すでにお話ししました。

それでは、モルトとブレンデッドでは、味わいにどのような違いがあるのでしょうか。

まず、モルトは単式蒸留器で造られるラウドスピリッツでした。つまり**個性が強い。個性を楽しむウイスキー**と言えます。

一方で、何種類かずつのモルト、グレーンをブレンドして造られるブレンデッドは、スコッチの場合、30~40種類のウイスキーをブレンドしていることもざらにあります。これは品質を安定化させるためで、毎回同じ味わいを再現することが狙いです。

そのため、中にはたくさんの個性があるものの、1つになってそれらが調和しています。**良い意味で突出したところをなくす構成**です。その土台を作っているのがグレーンと考えても良いでしょう。サイレントスピリッツのグレーンはその調和の邪魔をしません。

Ⅱ・アイリッシュウイスキー

アイリッシュのラインナップはモルト、グレーン、ポットスティルです。

モルト、グレーンはスコッチのものと同じで、スコッチ同様、これらをブレンドしたブレンデッドも多く存在します。補足としては、アイリッシュのモルトは伝統的に3回蒸留が行われていましたが、現在では3回蒸留を行う蒸留所が減少し、蒸留所によって2回蒸留を行うところと、3回蒸留を行うところとがあります。

それでは、初登場のポットスティルウイスキーとはどのようなウイスキーでしょうか。

17ページの表にもあるように、ポットスティルウイスキーは様々な穀物を原料としています。

そして蒸留方法は3回蒸留。となると、モルト100%で造られる3回蒸留のものと比べて、味わいにどのような違いが生まれるのか、が気になりますよね。

先に特徴を言ってしまうと、**ポットスティルの場合は、クリーンな酒質でありながら、オイリーな（油様の）質感があります。**これらを順に説明していきましょう。

まず、いずれも3回蒸留なので、酒質が軽く、熟成が比較的早く進むことは双方に共通します。ただし、穏やかなキャラクターゆえ、樽からの影響を受けやすく、ややずっしりした印象になることもあります。長期熟成のものでは、かなり重厚な仕上がりになることも。

また、原料の違いで生じる要素としては、糖化に要する時間が挙げられます。

大麦を発芽させ、モルトにしてから糖化を行うのは、モルトを原料とした方が糖化が進みやすいからでした。モルトは大麦麦芽100％であるため、比較的早く糖化の工程が終了します。一方、ポットスティルではモルトのほかに、何種類かの穀物が混在しています。これらの穀物はモルトと比較すると糖化しづらいため、工程に長い時間を要します。独特のオイリーな風味はこの長い糖化の工程に由来すると言われています。

Ⅲ・ジャパニーズウイスキー

日本のウイスキーづくりはスコットランドをお手本として歩んできた、とお話ししましたが、17ページの〈世界5大ウイスキー〉の表を見ても、スコッチと同じようにモルト、グレーンと並んでいます。もちろんこれらをブレンドしたブレンデッドもあります。それぞれの説明自体はスコッチのものと変わらないのでそちらをご参照ください。

造り方を踏襲しているため、味わいもスコッチに近いのですが、**繊細で優しい味わいながら、樽のニュアンスが強めに出ている**ことが多いです。

Ⅳ・アメリカンウイスキー

アメリカンウイスキーのほとんどは連続式蒸留器に近い方法で蒸留されます。つまり、サイレントスピリッツ寄りのウイスキーになります。しつこいようですが、連続式の方が単式よりも蒸留の際のアルコールの度数が高くなるのでしたね。そのため香気成分も少なくなるのが特徴でした。ですから、アメリカンは**アルコール度数が高く元々の香りの要素が少ないウイスキー**となります。

「じゃあその他のアメリカンの特徴って何？」ということになると思いますので、それを確認していきましょう。

再度17ページの表をご覧ください。アメリカンの上3つ、**バーボン《Bourbon》ウイスキー**、**ライ《Rye》ウイスキー**、**ホイート《Wheat》ウイスキー**はそれぞれ原料の規定に違いがあるものの、熟成に新樽を用いることが義務付けられています。

新樽とは文字通り新しい樽のことで、樽の内側をバーナーで熱するなどして焦がしたものです。樽の側面の板は反っていますよね。これは内側を焦がしているからなんです。

無色透明のニューポットは樽の成分を取り込みつつ、褐色のウイスキーになっていくのでしたね。ですから、新樽を用いたバーボン、ライ、ホイートでは樽の内側の焦げた面からの影響がダイレクトに反映されていきます。

「焦げた木の成分」というとどのようなイメージになりますか？

色は焦げた色、ということで茶色になりそうですよね。実際に新樽を用いて熟成を行うと、褐色の中でも**茶色が強く、色も濃くなっていきます**。

香りや味の点では、**焦げたニュアンス、香ばしい風味**がウイスキーに付与されます。またアメリカンではヴァニラのような香りを感じられることも多いですが、これも樽由来のフレーヴァーです。

こうしてできたアメリカンウイスキーは、樽由来の焦げたニュアンスから、**「男性的で、荒々しい武骨なウイスキー」**と評されることが多いです。「荒々しい」という点は他の産地のものより熟成期間が短い点や、アルコール度数が高いことが多いことも理由の1つかと思われます。

「荒々しい」なんて言われると身構えてしまいますが、実際には樽由来の甘い香りや、穀物由来の甘い風味があり、親しみやすいのでご安心ください。

もう一度17ページの表に戻ると、アメリカの項の最後にコーンウイスキーというものがあります。これはアメリカンの中では例外的に、内側を焦がした新樽の使用が義務づけられていません。というより、熟成させなくても良い、ちょっと変わったウイスキーです。

これも売られていたり、バーで見かける機会が極端に少ないウイスキーです。コーンウイスキーについて語りだすと込み入ってしまい、1章目にお話しする内容ではないので、詳しくはアメリカンウイスキーの項でお話しすることにします。

ちなみにバーボンと一緒にご紹介したライとホイート、これもコーン同様、あまり見かけることはないと思います。

Ⅴ・カナディアンウイスキー

カナディアンウイスキーは**フレーヴァリングウイスキー**と**ベースウイスキー**があります。まだご紹介していないウイスキーのタイプが2つ出てきましたね。

これらをご説明していきますが、実際にカナディアンウイスキーとしてリリースされるものはこの2つをブレンドしたブレンデッドが過半数であり、フレーヴァリング、ベースともに単体で飲む機会はほとんどないとお考えください。

まず、フレーヴァリングです。これはトウモロコシ、ライ麦、モルトなどを原料としてアメリカンと同じ蒸留方法で造られるものです。連続蒸留の亜型でしたね。蒸留する際のアルコール度数も70％ほどにコントロールされることが多く、原料の違いはあるものの、バーボンやライに似たものと考えていただいて結構です。

そして、次のベース。これはトウモロコシなどを原料として、連続式蒸留器を用いて蒸留されます。連続式蒸留器を用いているので蒸留の際のアルコール度数は90％近くになり、マイルドでニュートラルなグレーンに近いものと言えます。

この2つをブレンドしたものがカナディアンブレンデッドウイスキーになるわけですが、カナダの法律上、これまでに登場したウイスキーと異なる、少し変わった特徴があります。それは**「ブレンドの際に全体の9・09％を超えない分量であれば、カナダ産以外のものを加えることができる」**という点です。

通常、この「9・09％分」として加えられるものはバーボンなどですが、スペインのシェリーなどの酒精強化ワインなどが添加されることもあります。

しかし、これはあくまで「加えても良い」というだけで、もちろんフレーヴァリングとベースのみからブレンデッドを造ることも可能で、実際には加えない方が主流となっています。

さて、カナディアンブレンデッドの味わいですが、アメリカンに似たフレーヴァリングと、グレーンに似たベースがブレンドされているわけです。これらはどちらも連続式蒸留器を用いた製法で造られたサイレントスピリッツでした。ですから、これまでの知識からニュートラルな、軽い味わいになることが予測できますね。

実際、カナディアンブレンデッドは軽い酒質とマイルドな味わいを持ち、あまり癖がないためにカクテルのベースに用いられることも多いウイスキーです。

このように、カナディアンとしてリリースされるウイスキーのほとんどがこのブレンデッドであるため、カナディアン全体の説明としても、**「ニュートラルな、軽い味わい」**という表現が使われることが多いです。

以上が5大ウイスキーの概要となります。

材料や蒸留、熟成の方法によってどのような差が出てくるかがお分かりいただけたのではないでしょうか。

もちろん、各分類の中にも個性豊かなウイスキーがあります。その詳細は分類ごとの章でご紹介しますのでそちらをご覧ください。

ウイスキーの楽しみ方

まず「ストレート」で

なんとなく、ウイスキーの概要について理解していただけたでしょうか。

それでは、お楽しみの実践の時間です。バーに足を運びましょう。


ただ、その前に少しだけ、ウイスキーの飲み方についてお話しさせてください。

皆さんは普段ウイスキーを飲むときはどのようにして飲まれていますか。日本ではハイボールであったり、ロックであったりが主流でしょうか。

お酒はひとえに嗜好品ですので、飲む方が飲みたいようにすればいいのですが、折角ですので、ウイスキーを最大限に楽しむ飲み方をご紹介します。

飲み方やグラスを少し変えるだけでウイスキーの楽しみが何倍にもなります。ウイスキーの醍醐味は色、香り、味わい、後味……といろいろあるわけですが、飲み方やグラスを変えることで、主に香りに大きな影響が出てきます。そのため、この**「香り」を最大限に引き出す飲み方**

が、**ウイスキーを最大限に楽しむ飲み方**ということになります。

私はウイスキーを飲むときは「まずストレート」です。そこからちょっとだけ手を加えます。なぜ、「まずストレート」なのか。それは、ウイスキーの温度に関係があります。

ウイスキーに限らず、飲み物でも食べ物でも、冷やしてしまうと香りが分かりにくくなってしまいます。

身近なところではカレーなんてどうでしょう。冷蔵庫の中に入れられたカレーは顔を近づけないと、匂いが分からないですが、電子レンジで温めたらキッチン中にカレーの匂いが充満します。

同じような理由でウイスキーに氷を浮かべるロックなどの飲み方では温度が下がり過ぎてしまい、せっかくの香りを楽しめなくなってしまいます。その点ストレートであれば、常温のままなのでそういった心配がなくなります。

また、温度は味わいにも影響を与えます。一般に温度が高い方が甘みを強く感じ、まろやかな味わいになり、逆に、低い温度では甘みが抑えられたシャープな味わいになります。

再び身近なものに例えると、キンキンに冷えたコーラとぬるくなってしまったコーラを思い出してみてください。冷えていたときはのど越しも良くゴクゴク飲めていたコーラも、炎天下の車の中に数時間放置して温度が上がってしまうと甘ったるくなって飲めなかった、という経験はありませんか。

これはマイルドになり過ぎた失敗例ですが、ウイスキーには常温くらいが良いのです。テキーラのショットなんかを注文すると冷凍庫でキンキンに冷やされた状態で出てきますが、これは一口でくいっと飲めるようにするための工夫なんですね。

ぜひ試してほしい飲み方「トワイスアップ」

しかし、お酒を飲み慣れていない方の中には、「アルコール度数40％のお酒をストレートではちょっと……」と思う方もいらっしゃるかと思います。

「大丈夫です。慣れます。」と言いたいところですが、これではあまりに乱暴なので、度数対策についてもお話しいたします。

実はそういう方にとって、夢のような飲み方があるんです。**トワイスアップ**という飲み方、ご存知ですか？

いわばウイスキーの「水割り」のことですが、日本での一般的な水割りと決定的に違うことがあります。それは氷が入っていないこと。これは大きな違いです。ウイスキーを冷やすことがありません。冷やさず度数を低くできる。そして量が増える。度数の強いお酒が苦手な方には、素敵な飲み方ですね。

一般的なトワイスアップは**ウイスキーを水と1：1で割って作られます**。この時にも、やはり温度を下げたくないので常温の水を使うことが多いです。

そしてこのトワイスアップ、実は更に素敵なことがあるんです。それはなんと「香りを感じ取りやすくなること」。凄いですよね。プロフェッショナル的な言葉遣いでは、「香りが開く」なんて表現をしたりすることもあります。事実、スコットランドの蒸留所では伝統的にウイスキーをブレンドする際、ブレンダーもこのトワイスアップで味を確認しているそうです。

実は、この話、つい最近まで科学的に解明されておらず、経験則的に用いられていた方法でした。しかし、２０１７年、Scientific Reportsにスウェーデンのリンネ大学《Linnaeus University》がこの加水について科学的に考察した研究論文が掲載されました。この論文について長々と語ることもできるのですが、本書のコンセプトとはかけ離れてしまうので、ここでは論文をご紹介するに留めることにします。

要約すると、「水を加えることによって、香り成分が液面近くに浮上し、さらに空気中に出てきやすくなるため香りを感じ取りやすくなる」という内容です。興味がある方はインターネットなどで調べてみてください。かなり科学的な内容ですが……。

さて、本書で重要なのは、加水することで本当に味わいが変わるのか、ということです。紙面では「変わります」ということしかお伝えできないのが非常に残念なのですが、これは実際に皆さんに試していただくほかございません。

ウイスキーと水が１：１のトワイスアップはもちろんなのですが、ストレートのウイスキーに１、２滴の水を加えるだけで劇的に香りが変わります。これまでたくさんのウイスキー初心者の方に試してもらいましたが、ほとんどの方が違いに気づいてくださいました。皆さんも、だまされたと思ってぜひ一度試してみてください。

ちなみに、このトワイスアップ。アルコール度数が半分になるので、大変飲みやすくなるのですが、蒸留所の方からするとこれは加水の上限だそうです。どういうことかというと、これ以上加水するとウイスキーのバランスが崩れてしまうそう（もちろん銘柄にもよりますが）。

私はバーでウイスキーを注文するときはショットグラスで水もお願いしています。ストレートで飲んでから少しずつ加水していって変化を楽しむことができます。「まず」ストレートで、そこから少しだけ手を加えるとお話ししたのはこういうことです。

「自宅でウイスキー」のすゝめ

それでは、自宅でウイスキーを飲む場合はどうでしょう。皆さんはご自宅でお酒を飲まれますか？

私は自宅近くにバーがないこともあり、家で飲むことがとても多いです。

家飲みは、なんといっても安い。定価です。

そしてもう1つの利点は保存できる期間です。ご存知の通り、ウイスキーは蒸留酒に分類されますが、蒸留酒はかなり長い期間楽しむことができます。ワインや日本酒などの醸造酒であれば、一度栓を開けてしまうと、数日で味は落ちていってしまいますし、ビールなどは1日経てば気が抜けてしまいます。

しかし、私の経験上、ウイスキーは開けてからなんと、2、3年は味わいを（ある程度）保つことができます。「2、3年で少し味が落ち始める」といった方が正しいかもしれません。

私は家で飲むことが多く、家に100本近くウイスキーがあります。これを1人であったり、友人が来たときに飲むわけですが、開いているウイスキーが100本もあれば、なかなか減らないわけです。開けて1、2年経つようなウイスキーもざらにありますが、全く問題なく楽しむことができます。こんな芸当は醸造酒には決してできません。

例えば「寝る前に軽く1杯飲みたい」なんて時にワインを開けるのはためらってしまいますが（1本軽々空けられるような猛者は別として）、ウイスキーであれば開けても長い期間保存できるので気を遣わなくて大丈夫。ウイスキーはかなり気楽に楽しめるお酒なのです。

ただし、**保管方法に関しては注意が必要で、直射日光を避けること、そして可能であれば、温度が高過ぎるところは避けた方が無難**です。

また、お酒好きが集まると、何種類かのお酒を並べて、それぞれの違いを考えながら飲む「比較試飲」が始まることがあります。これも非常にやりやすいです。醸造酒であれば少ない人数ではまず難しいのですが、ウイスキーならば、それぞれが家にあるウイスキーを持ち寄って……なんてこともできます。

グラスの選び方

最後に、ウイスキーを飲むときのグラスについて。

ショットグラスやロックグラスにバーボンを注いで……というのはアメリカ映画でよく見る光景ですが、正直これらのグラスでは、香りを楽しむには不十分です。

しっかりとしたバーでウイスキーを注文すると、蒸留酒専用の**テイスティンググラス**に入れて、提供してくれます。

テイスティンググラスのメーカーは様々ですが、チューリップ型のものがほとんどです。この形状にすることにより、グラスの飲み口の近くに香気成分が集まりやすくなるのです。テイスティンググラスを使用することで、ショットグラスなどではわかりづらかった香りが見つけられるようになることも非常に多いです。

お勧めは**グレンケアン社**のテイスティンググラスで、これはスコットランドの多くの蒸留所でも採用されています。ブレンダーさんも利用されているそうです。蒸留所に行くとブティックで蒸留所のロゴ入りのグラスがよく売られています。

グラスにもかなりの種類がありますが、いきなり高額なグラスを買うのはためらってしまうと思うので、まずは1000円程度のお値段のものを購入されることをお勧めします。

お店に行ってもなかなか売っていないので、ネットショッピングを利用しましょう。1脚単位

〈テイスティンググラス〉

から購入できますが、6脚で1セットとなっていることが多いです。比較試飲などにも使えるので、将来を見据えてセットで買ってしまってもいいかと思います。私の場合、必要に応じて買い足していった結果、30脚ほどになってしまいました。

もう1つお勧めなのが**グラッパグラス**。ウイスキー用ではないのですが、自宅ではこれを愛用しています。

あくまで私見ですが、利点としては、香りをとるために多少強く息を吸い込んでも大丈夫なこと。どういうことかというと、一般的なテイスティンググラスでは強く香りをかぐとアルコール分を強く感じてしまい、むせてしまいます。このグラッパグラスでは特殊な形状のためさほどアルコール分を強く感じません。

このように、ウイスキーを飲むうえでは、グラスの種類もかなり重要となっています。実際にバーに行く場合も、テイスティンググラスで提供してくれるかということを1つの基準に、店選びをしてみると良いでしょう。

世界のウイスキーを知るための5本

さあ、大変お待たせいたしました。最後に5大ウイスキーそれぞれの典型的な味わいを持つボトルをご紹介します。

ぜひ、バーに足を運ぶなり、ボトルを購入するなりして試してみてください。その際に必ず、加水にもトライしてみてくださいね。

ただ、バーに行くとわかるのですが、アイリッシュ、カナディアンは1、2本しか置いていないお店がほとんどです。そのため、気になる銘柄があったとしても、ボトルで購入しなくてはならないケースが多くなってしまいます。

一方、スコッチ、アメリカンは多くのバーで数十種類以上取り扱っており、ジャパニーズも有名銘柄は揃っていることが多いので、「とりあえず1回飲んでみる」がしやすいです。

今回は、まずは経験し、大雑把に味わいをわかっていただくことが目的です。この章でお話しした内容と照らし合わせながら飲んでいただくと効果は倍増すると思います。

以下では、それぞれの特徴が分かりやすいものを選んでいますが、「これじゃないといけない」というようなことは全くありません。バーで「一番スタンダードなスコッチください」と言って、出てきたものでも全く問題ありませんよ。

各国の代表銘柄を挙げているので、後にも再度登場するものが多いのですが、4本目の「フォアローゼス・ブラック」はアメリカの項では取り扱えなかったのでぜひこの機会に、一度経験してみてください。

1 バランタイン12年（スコッチ）

ブレンデッドなのでモルトとグレーンが含まれています。個性を楽しむというよりはバランスの良さで安定感があるタイプです。

2 ジェムソン（アイリッシュ）

ブレンデッド。まろやかながら、オイリーな質感があります。スコットランドのブレンデッドと並べて飲んでみてください。ポットスティルが使用されています。

3 響・ジャパニーズハーモニー（ジャパニーズ）

ブレンデッド。モルト、グレーンとスコットランドと同様の構成です。スコッチほどの自己主張はなく、おしとやかな印象。年数表記がない割には樽感を強く感じます。

4 フォアローゼス・ブラック（アメリカン）

アメリカンの中で圧倒的な生産量を誇るバーボンです。新樽由来の香ばしさに加えて、スパイシーな風味があります。バーボンはトウモロコシが主体でしたが一定の割合で含まれているライ麦がスパイシーさを演出することが多いです。

5 カナディアンクラブ（カナディアン）

カナディアンブレンデッド。癖がなくマイルドで、「飲み疲れ」とは縁のないウイスキーですね。

【お口直しのコラム1】

バーのすゝめ

初めて行くバーって怖いですよね。「ぼったくられるんじゃないか……」なんて思っている人もいるみたいです。バー選びで失敗したくない方、ちょっとだけお店選びや注文のコツがありますので、ご紹介しますね。

まず、インターネットでお店のメニューと他の方の投稿写真をチェックしましょう。グラスを見るためです。そもそもウイスキーのストレートの写真がアップされていないパターンもありますが、テイスティンググラスの写真が1枚でもあれば、そのお店にはそのグラスがあるはずなので、安心して入れます。「インスタ映え」を気にも留めないひねくれた使い方ですが、意外と便利ですよ。

ちなみにドレスコードはよほどの高級店でもない限り、ありません。ハーフパンツやタンクトップ、サンダルのようなラフな格好でなければ、たいていのお店は大丈夫だと思います。

バーにはボトルがたくさんあるので、どれを飲むか迷うと思います。ウイスキーは外で飲むと一杯45ミリリットル程度が相場で、１本のボトルから17杯程度とれる計算です。ちなみに外で1杯あたり１０００円のものはボトルで４０００円程度、７００円のものはボトルで１０００円ちょっとくらいのこともあります（もちろん地域や店舗によって違いますが）。

こう考えるとお店で飲むときはせっかくなら少しくらい高いものを飲むといいですよね。１本１０００円のものを７００円で注文するくらいなら1本買ってしまえばいい気がしてしまいます。自分の好みに合わなかったらハイボールにするなり、飲み方はいくらでもあるわけですし。

もしバーテンダーさんにちょっと高めのボトルを勧められたら、せっかくなのでいただいてみてください。それは原価率の高いお酒です。つまり、お店にとってはいい商売ではないもの。本当に飲んでみてほしいボトルのはずです。

chapter2

Enjoy the tasty of Scotch whisky.

2杯目 スコッチウイスキーを愛《め》でる

スコッチウイスキーを飲む前に

スコッチウイスキーの進め方

さて、2章目に入ります。ここからはいよいよ、5大ウイスキーの中からそれぞれのウイスキーの詳細を見ていきます。

ウイスキーの代表格、スコッチから始めたいと思います。味わいの特徴については前章で述べたので、ここでは簡単に定義などをご紹介します。

スコッチはイギリスのスコットランドで造られるウイスキーのことで、シングルモルトウイスキーにおいてはタイプや産地から、スペイサイドモルトウイスキー、ハイランドモルトウイスキー、アイラモルトウイスキー、ローランドモルトウイスキー、キャンベルタウンモルトウイスキー、アイランズモルトウイスキーという、6種類に分けられます。その多くにはモルトの味わいなど共通した部分もありますが、一方で地域による差も顕著です。

そこで、まずはスコッチ全体に共通する事柄を押さえ、それから地域による違いを見ていきたいと思います。

余談ですが、「スコットランドの」という形容詞は基本的に「スコティッシュ」です。なぜかウイスキーの話になると「スコッチ」というワードが使われていますが、理由はよくわかりません。

さて、まずはスコッチ全体に共通することを基礎知識として押さえていきましょう。

1章で、スコッチの原料や蒸留方法については学習済みですので、ここではそれ以降、つまり蒸留後のウイスキーがどのようにして瓶詰めに至るのか、を中心にお話ししたいと思います。となると「熟成」がメインテーマになってきます。奥の深いところですが、ここを理解すると一気に楽しみが増えますし、自分の好みを探る指標となるでしょう。

スコッチの熟成に使用される樽とは

5大ウイスキーの項で「アメリカンは新樽を用いるため香ばしさが特徴です」とお伝えしました。「じゃあスコッチの樽は?」ということになってきますが、**バーボンカスク**《Bourbon casque》と**シェリーカスク**《Sherry casque》の2つが主に用いられます。

「スコッチの熟成にバーボンカスクを用いる」もうパニックですよね。でも大丈夫です。次の一文を読んで安心してください。

「バーボンカスクはバーボンウイスキーの熟成に使用されていたもので、シェリーカスクはシェリーの熟成に使用されていたもの」

「**カスク**」というのは日本語の「樽」の意味です。そのままですね。「使用されていた」というのがポイントです。

新樽でバーボンを熟成し、それを取り出した空の樽をバーボンカスクと呼びます。シェリーカスクも同様です。この空の樽をアメリカから輸入してスコッチの熟成に用います。このバーボンカスクは一度ウイスキーの熟成に使われているため、扱いとしては古樽になります。

実は古樽はアメリカではほとんど役割がないんです。バーボンなどの熟成には新樽を使用しなければならないからです。そこで、アメリカでウイスキーの熟成に使用された古樽を、スコットランドに運んで再利用しているのです。アメリカではリタイア後ですが、スコットランドでは現役に戻ります。

これだけ聞くと、スコッチには中古の樽が使われているようであまり印象が良くないかもしれません。しかし、この古樽がスコッチと非常に相性が良いのです。

新樽の段階では、ウイスキーにかなり強く樽由来の影響を与えますが、2回、3回と使用するにつれ、その効果は小さくなっていきます。ウイスキーに樽の成分が溶出《ようしゅつ》しているので当たり前ですね。

したがって、樽由来の香りが強く出過ぎないように、またウイスキーが香ばしくなり過ぎないように、繊細さを売りにするスコッチの熟成には古樽が用いられることが多いのです。

ちなみに、バーボンを取り出してから（この時点で古樽になります）、1度目に使う場合を**ファースト**《first》**フィル**《fill》、2度目に使う場合を**セカンドフィル**などということがあります。それ以降は**サード**、**フォース**となっていくわけですが、セカンドフィル以降をまとめて**リフィル**《refill》と呼ぶこともあり、これらの呼び方はシェリーカスクなど、バーボンカスク以外の樽でも同様です。

一般に、シングルモルトで使用されるのはサードフィルくらいまでで、それ以降はお手頃のブレンデッドなどに使用されることが多いようです。

さて、続いては**シェリーカスク**についてです。まず、「シェリーはワインの一種である」ということだけは頭の片隅に置いておいてください。

シェリーはスペインのアンダルシア州で生産される世界3大酒精強化《しゅせいきょうか》ワインの1つです。ちなみに、ほかの2つはポルトガルのポートとマデイラで、少数ではありますが、これらの樽もウイスキーの熟成に用いられています。

酒精強化ワインというのは、ワインの発酵の工程でグレープスピリッツ（ブランデーのようなもの）を添加したものです。この工程によって通常のワインと比べて保存が容易になります。また独自の熟成方法を用いており、紹興酒のような独特の味わいが特徴的です。

ふつう、ウイスキーを飲む際に気にすることはあまりないかもしれませんが、シェリーには様々なタイプがあり、蒸留所の中にはラベルにその種類を明記しているところもあります。これから出会うこともあるかと思いますので、参考程度にシェリーのタイプを載せておきます。もちろん覚える必要はないので、そういったウイスキーと出会った際に参照してください。

バーボンカスクとシェリーカスクの概要が分かったところで、ウイスキーを熟成させるときにどのような影響が出てくるのかを考えましょう。

この話はこれからの説明の時に大切になってきますので、この話だけはぜひ読み込んで、しっかり理解してから次に進んでくださいね。読み進めていってからでも、もしわからないことがあればここに戻ってきてください。そのくらいこの項は内容が濃いですが、じっくりと進めていきましょう。

それではまず、見た目のお話から。

バーボンカスクで熟成されたものは**黄色みを帯びていき**、ソムリエっぽく表現すると、淡いものから濃くなるにつれてレモンイエロー、黄金色などのフレーズを用います。

一方、シェリーカスクを用いたものでは色合いが**茶色っぽくなり、褐色を帯びていきます**。イメージとしてはバーボンカスクのものに「赤み」が加わったようなニュアンスです。黄色に赤みが加わると茶色っぽくなり、さらに濃い黄金色では褐色になるのはイメージできるのではないでしょうか。

ここまで「バーボンカスク100%」「シェリーカスク100%」の話をしてきましたが、そ

〈シェリーの分類〉

糖度	名称	備考
辛口	フィノ〈Fino〉	極めて辛口。厚みはあるが、シャープな飲み口
	マンサニージャ〈Manzanilla〉	塩気を感じる辛口
	アモンティリャード〈Amontillado〉	ナッツの風味を持つ辛口
	オロロソ〈Oloroso〉	木樽由来の香りが豊かで、辛口の中では最も重厚
	パロ・コルタド〈Palo Cortado〉	アモンティリャードとオロロソの中間
極甘口	モスカテル〈Moscatel〉	ブドウの品種名がシェリーのタイプ名になっている
	ペドロ・ヒメネス〈Pedro Ximénez〉	
甘口	ミディアム〈Medium〉	アモンティリャードとペドロ・ヒメネスのブレンド
	クリーム〈Cream〉	オロロソとペドロ・ヒメネスのブレンド

※シェリーをる造るのに認められているブドウ品種は白ブドウが3種類のみで、甘口となるのは、モスカテルとペドロ・ヒメネス。辛口はすべてパロミノという品種から造られます。

※『シェリーのタイプも覚えたい」という方は、まずは辛口と甘口を分けることから始めるのがおすすめです。比較的覚えやすい甘口のタイプだけ覚えれば、それ以外は辛口と判断することができます。

うでないものももちろんあります。というよりも、バーボンカスクとシェリーカスクをブレンドしたものが大半を占めます。ブレンドされたものはそれぞれの特徴を持ち合わせていてバランスが取れているのですが、最初はちょっとわかりづらいかと思います。

さて、ここからは風味や味わいについてです。アロマホイールというものをご存知でしょうか。

アロマホイールは香りを表現するための表のことで、ワインの世界で用いられることが多いですが、ウイスキー用にモディファイされたものもあります。これを**フレーバーホイール**ともいいます。

具体的には、穀物、エステル、花、木材……など大きな項目に分け、更に細分化していきます。例えば「木材のよう」であれば更に、焦げ、バニラ、古材、新材……に分けられており、その中から各ウイスキーの香りを探していくのに用います。

ただ、実際にはそんなに細かいことよりもまずは大枠を掴むことの方が大切です。一緒にこの大きな一歩を踏み出しましょう。

一般的にバーボンカスクを用いたものは、洋ナシやリンゴ、レモンやオレンジといったフレッシュフルーツのような軽やかな風味に加えて、バターやヴァニラ、ハチミツのような甘い香りが特徴です。これらが合わさると、焼きリンゴやレモンのハチミツ漬けのように感じることもあります。

〈フレーバーホイール〉

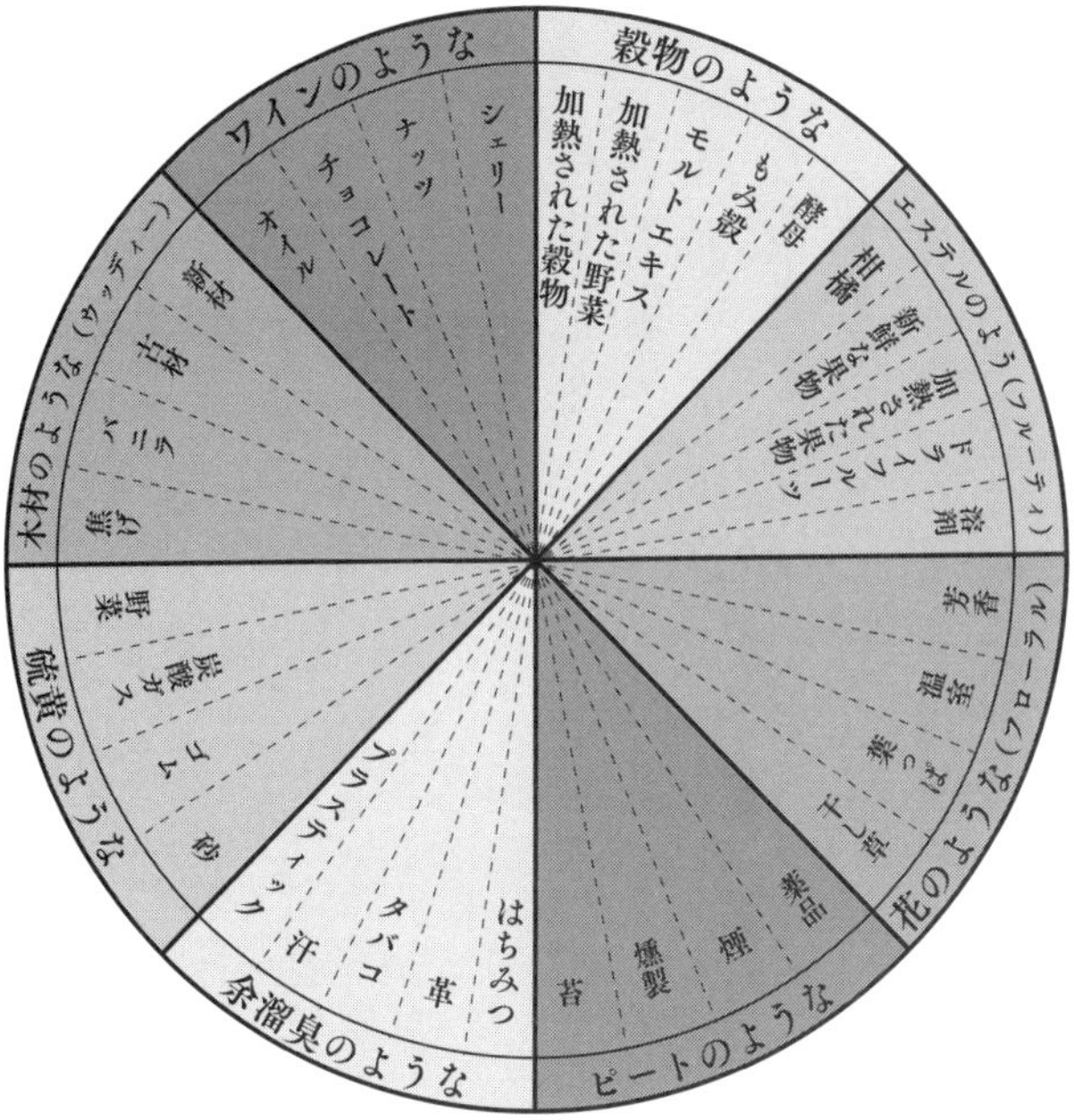

フレーバーホイールには様々なものがあり、それぞれ微妙に異なり、中には驚くほど細かいものもあります。もちろん暗記する必要はありません。ウイスキーと向き合う度に「これは何の香りが近いだろう？」ということをやっていると、徐々に自分なりのアロマパレットが頭の中に出来上がっていくと思います。

ただ、我流になり過ぎてしまうと良くないので、最初のうちは参考にしながら、香りの要素を探してみてください。

（ウイスキーライターであるチャールズ・マクリーン(Charles MacLean)氏のフレーバーホイール https://whiskymag.com/includes/WMTastingWheel_A3-Frame-144dpi.pdf を元に作成）

他方、シェリーカスクでは同じフルーツでも、ドライフルーツのような濃縮した香りです。具体的には、レーズンやプルーン、乾燥イチジクなど、バーボンカスクよりも重い風味が特徴です。また、フルーツ以外では砂糖を焦がしたようなカラメルやキャラメル、中にはシェリーそのもののニュアンスを持つものもあります。

必ずではないですが、硫黄や、金属的な香りが出てくることも。イメージしづらいですが、10円玉のような香りで、さびに近いと感じるかもしれません。このような香りは「**オフフレーヴァー**」と呼ばれ、ネガティヴな香りとされています。シェリーカスクの影響が強く出過ぎたときに感じられることが多く、長期熟成のものや、あまりに色合いの濃いシェリーカスクのものを購入する際には注意が必要です。

バーボンカスクで「焼き」、シェリーカスクで「焦がした」というフレーズを使いましたが、実際にはどちらも「香ばしい」ことを言っているだけなのでさほど違いはありません。バーボンカスクであれ、シェリーカスクであれ、やはり樽の内面を焦がしているので、そういったニュアンスは出てくることが多いのですが、どちらかの樽でその傾向が強い、ということはありません。樽の使い方で異なり、「香ばしい」ニュアンスなので、樽が新しい方が強くなる傾向にある、ということはイメージしやすいかと思います。

また、ウイスキーの味わいは「**原酒の味わい＋樽のフレーヴァー**」ということができます。つまり、樽の風味が強く出ている場合、原酒本来の味わいは相対的に弱くなります。逆に、樽の影響が少ないものでは、原酒本来のモルトのようなニュアンスを強く感じられることになります。

シェリーカスクを知る前に、シェリーそのものを飲んでみるのも面白いと思います。おそらく最も見つけやすいのは「ティオペペ」でしょう。ただ、ブランドにこだわる必要はありません。何でも良いのでシェリーを一度試していただくと、シェリーカスクの特徴も早く理解できると思います。興味のある方はぜひ、お試しください。

ラベルの読み方と熟成後のこと

熟成されたウイスキーはその後、ボトルに詰められて私たちの手元に届きます。その過程についてはラベルに記載があることも多いです。裏を返せば、熟成後の過程についての知識があればラベルも読めるようになります。

ただし、「ラベルの読み方」という見出しになっていますが、実際のラベルを載せて矢印で説明して……などということはやりません。この本を一通り読み終わったころにはラベルなんかはほとんど読めるようになっています。信じてください。

ここでは熟成後の過程を知ることで、「ほとんど」とまではいかないまでも、「ある程度」読めるようになることを目指しましょう。ウイスキーには特有のワードが多いので、これを知ればこのステップはクリアです。

ただ、特有と言っても簡単な英語がそのままの意味で使われていたりするので、難しいことは

〈スコッチの分類〉

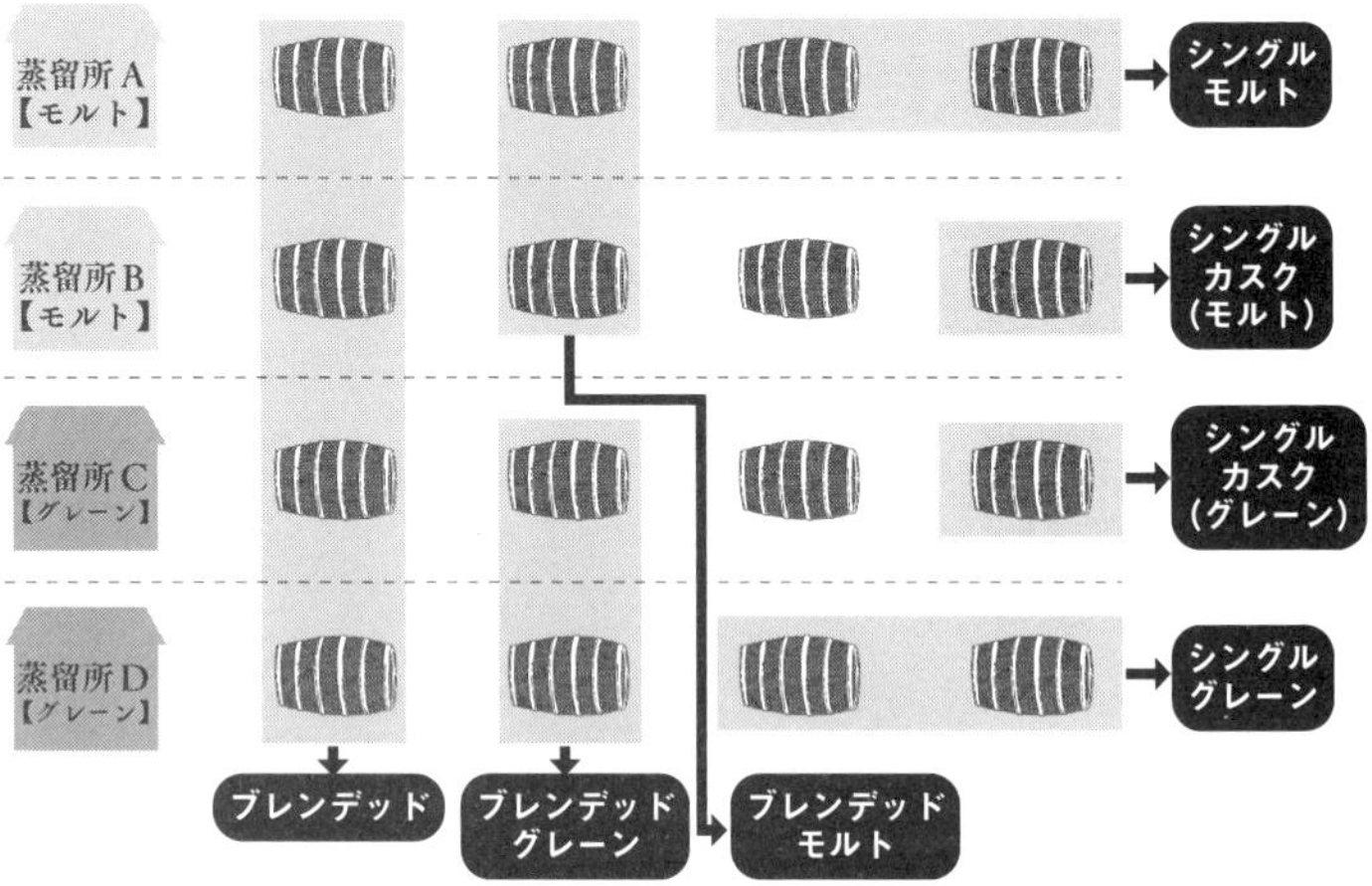

ありません。

17ページの表の復習になりますが、スコッチには、モルト、グレーンとそれらを混合したブレンデッドがありました。

実はスコッチでは、それらを更に分類した名前が多く存在します。例を挙げると、**シングルモルト《single-malt》**、**ヴァッテッドモルト《vatted-malt》**、**シングルカスク《single-cask》**など。

まず初めにこれらの単語の意味をご説明していきます。上の図を見ながら読んでみてください。

まず、「シングル〜」というのがいくつかありますね。この「シングル」は「1つの」という意味です。つまりシングルモルト、シングルグレーンはそれぞれ単一の蒸留所で造られたモルトとグレーンのことになります。

補足すると、先ほどスコッチにはバーボンカスクとシェリーカスクをブレンドしたものが多いとお伝えしましたが、同じ蒸留所内のモルト同士やグレーン同士はたとえ樽の種類が違っても、いくら混ぜてもブレンデッドにはならず「シングル〜」と表記されます。あくまで「1つの」蒸留所のもの、という扱いです。

一方で、シングルカスクは、1つの樽からのみ得られたウイスキーのことを指します。

シングルカスクのカスクという単語が出てきたので、付け加えると、ラベルに「**カスクストレングス**《cask-strength》」と表記されているものがあります。直訳すると「樽の強さ」。樽から直接瓶に詰めるためアルコール度数が高いことが特徴です。多くのボトルが40〜46%に調整されているのに対し、カスクストレングスのものはアルコール度数が50%を超えることがほとんどで、高いものでは70%近くになるものもあります。

シングルカスクだとか、カスクストレングスだとか言われてもピンと来ないと思いますが、これらについてはこの項の後半で詳しくお話しするので少しだけお待ちください。

次にヴァッテッドモルトと、**ヴァッテッドグレーン**《vatted-grain》についてですが、「ヴァッテッド」は「ブレンデッド」と同じ意味で、実際にこれらは「**ブレンデッドモルト**《blended-malt》」、「**ブレンデッドグレーン**《blended-grain》」とも表記されます。名前の通り、複数蒸留所のモルト同士、グレーン同士をブレンドしたものです。

ちなみに、モルトとグレーンを混合した場合はブレンデッドになる、というのは前にお話しした通りですが、複数蒸留所のモルトとグレーンを混ぜたからと言って「ヴァッテッドブレンデッド」などとは呼びません。そのまま「ブレンデッド」と呼びます。

それでは次に、これらの分類をより理解するために、樽熟成が終わったウイスキーをどのように瓶詰めしていくのかを見ていきましょう。

この点を知ることで、ウイスキーでよく見られる「〜年もの」といった**年数表記**や**オフィシャルボトル**（蒸留所から発売されるもの）と**ボトラーズボトル**（瓶詰め業者から発売されるもの）などの違いもわかるようになります。

オフィシャルボトルと年数表記について

ここでは、蒸留所からリリースされるオフィシャルボトルの瓶詰め工程をご説明します。

一般に蒸留所では、そこで造られた原酒をブレンドして瓶詰めします。ただし、樽や仕込んだ時期により出来上がる原酒は異なるため、「ラフロイグ《Laphroaig》10年」「ラフロイグ18年」のように、各蒸留所がそれらを反映したラインナップを数種類ずつ持っています。

ところで、「ラフロイグ10年」の「10年」というのを年数表記といいますが、これはいったい何を指しているのかご存知ですか？　何が10年なのでしょうか？

正解は、「**樽の中で熟成させた期間**」なのですが、より正確に言うと、「ブレンドされたうち、最も若いウイスキーが10年以上樽で熟成されている」ことを示しています。言い方を変えれば「10年以上樽熟成されたものだけで造られた」ウイスキー。言っていることは同じなので、わかりやすい方で理解していただければ良いかと思います。

同じように「18年」には18年以上樽熟成したものしか含まれていませんし、「25年」も同様です。

もし、「ラフロイグ25年」に3年しか樽熟成していないラフロイグの原酒を少量混ぜてしまったら、一番若いウイスキーが3年ですので、25年と名乗ることができず、表記は3年になってしまいます。

〈ラフロイグ10年〉

このように、「シングルカスク」と銘打たれていないウイスキーは基本的にいろいろな熟成を経た原酒同士がブレンドされてできているのですが、ブレンドが済んだら早速瓶詰め……というわけではありません。さらに1つやることがあります。それは「**加水**」です。

同じウイスキーを何本か揃えたとき、ラベルに表記されているアルコール度数はどれも一緒です。ご自身で何本も同じものを買う機会は少ないと思いますので、酒屋さんに行ったときにちらっと見てみてください。

つまり、ブレンドして味わいを統一した後に、加水してアルコール度数も調整するのです。味わいもアルコール度数も同じウイスキーができたところで瓶詰めを始めていきます。ちなみに、樽熟成を終えたウイスキーはアルコール度数が50％以上あることがほとんどですが、多くのウイスキーは40～46％に調整されています。

一部、この加水の工程を行わないウイスキーがあります。これが、**カスクストレングス**。先ほど「樽の強さ」と訳したものですね。水で希釈しないのでもちろんアルコール度数が高いままの状態です。

さて、10年の表記があるウイスキーに含まれるものは全て10年以上樽熟成を行った原酒のみである、とお話ししました。つまり、この中には10年のものもあれば、12年のもの、15年のものなどが入っていることもあるのです。そしてその比率は各ボトルで微妙に違っています。

なぜこういうことが起きるのかというと、「**ラフロイグ10年**」には「**ラフロイグ10年**」としての確固たる味わいがあるからです。２０１８年にリリースされた「**10年**」と２０１９年にリリースされた「**10年**」に味の変化が生じないよう、ブレンダーが各ロットで風味や味わいを調整しているのです。

これらの樽のうち、特別に出来が良いものや、蒸留所の個性がはっきりとしたものがあったとします。もし、自分が蒸留所のオーナーでそれだけ高品質なものを見つけたら、その樽だけは混ぜずに単独で味わってほしい、と思いませんか？　これが**シングルカスク**です。

多くの場合は上記のような理由で、シングルカスクは限定品として生産されていて、お値段も張ることが多いです。

実際のボトルを、スペイサイドにある【グレンファークラス】蒸留所のものを例に見てみましょう。家族経営で伝統的な造りにこだわった生産者です。

インターネットで「グレンファークラス」と検索すると通販サイトで膨大な種類の【グレンファークラス】のボトルが見つかります。ここの蒸留所のシングルモルトウイスキーは基本的にボトラーズではリリースされないので、ラベルに「Glenfarclas」と表記されていて、下の方が太くなっているボトルのものは全てオフィシャルボトルです。熟成にシェリーカスクのみを使用していることが特徴です。

検索結果を見ていってみると、「グレンファークラス8年」、「10年」、「12年」、「15年」、「17年」、「18年」、「21年」、「25年」、「30年」とかなり刻んで熟成年数の異なるボトルをリリースしているのがわかりますね。

そのほかにも「１０５」、「パッション《PASSION》」、「チーム《TEAM》」、「スプリングス《SPRINGS》」というものや、西暦で１９○○年／２○○○年という表記の入った「ファミリーカスク《FAMILY CASKS》」というものもあります。

「１０５」はアルコール度数を60％に調整したもので、「パッション」、「チーム」、「スプリングス」に関してはドイツ市場限定品でいずれも年数表記はありません。

また、「ファミリーカスク」はオーナーが所有する樽のストックの中から高品質のものを選び出し、シングルカスク、カスクストレングスで瓶詰めしたもので、1997／2017であれば、1997年に蒸留され、2017年に瓶詰めされたものであることを表しています。

ボトラーズボトルのこと

ここからはボトラーズボトルについて見ていきます。ボトラーズボトルとは、蒸留所とは別の瓶詰め業者（ボトラー）が独自に瓶詰めしたもので、これはスコッチとアイルランドの一部で行われている特有の文化になります。

有名なボトラーは、**ゴードン&マクファイル**《GORDON & MACPHAIL》、**シグナトリー**《SIGNATORY》などがあります。

ボトラーは蒸留所からウイスキーを樽ごと購入し、それを独自に熟成させ、オリジナルのラベルでリリースします。

オフィシャルボトルであれば、同じ蒸留所のラインナップでは同じ形状のボトルが使用され、ラベルのデザインも統一されていました。しかしながら、ボトラーズボトルでは瓶詰めしている会社が異なるので同じ蒸留所のもの同士でも、ラベルも全く違ったものになります。

逆に、ボトラーは様々な蒸留所から樽を買い付けているため、全く別の蒸留所のものがそっくりなラベルで売られているということになります。1つのボトラーにいくつかの製品シリーズがあり、それらのラベルは統一されているので、並べてみると愛好家にとっては美しいですが、初心者にとっては見分けがつかなくなります。

ボトラーズボトルの特徴としては、ほとんどが**シングルカスク**で、その中には**カスクストレングス**のものも多くあります。

そして、かなり詳しい情報がラベルに掲載されています。熟成年数、蒸留年、瓶詰め年、地域、熟成に用いた樽の種類、樽の番号、生産本数などなど。

驚くべきことに、生産本数に関しては200本ほどのこともたびたび。「世界に200本しかない限定品」と考えるとすごいことですよね。これはシングルカスクなどではどうしても生産本数が少なくなってしまうからです。

ちなみに、樽違いなどでリリースされることもあります。樽の違いまで味わうことができるシングルカスク、究極の嗜好品ですね。

〈シグナトリーのボトルとラベル〉

実際の熟成

少し熟成の話に戻りますが、先ほどスコッチはシェリーカスクとバーボンカスク、どちらかのみの樽で熟成を行なうこともあれば、各々で熟成させたものをブレンドすることもあると述べました。ちなみにシングルカスクのものはもちろんどちらかのみを用いています。

ボトラーズボトルなどは樽の種類も明記してあるため、樽の違いを知るのに適していると言えるでしょう。

一方、オフィシャルボトルでは、毎回同じ品質になるように、いくつもの樽をブレンドしていました。それぞれの蒸留所では樽使いにこだわりを持っていて、バーボンカスクのみを用いるところ、シェリーカスクのみを用いるところ、どちらも用いるところなど多種多様です。またこれらのほかにワインカスクなどを用いて個性を演出しているところもあります。

また、「**～ウッドフィニッシュ**《WOOD FINISH》」という手法もあります。「～」の部分にはお酒の種類が入るのですが、「ウッド」は樽と同じ意味と考えてください。これは、比較的ニュートラルなバーボンカスクなどで熟成した後に、数か月から数年のみ別の樽で後熟させる手法のことです。

例えば、「シェリーウッドフィニッシュ」であれば、バーボンカスクで熟成させたのち、シェリーカスクに移し熟成を重ね、それから瓶詰めを行います。

この熟成方法は、シェリーカスクの特徴を「適度に」出せることが利点です。バーボンカスクで熟成したものをシェリーカスクの成分で包み込むような製法なんです。実際に飲んでみると、第一印象は紛れもなくシェリーカスクですが、奥にしっかりバーボンカスクの特徴が感じられます。

ちなみに、それと比較すると面白いのが「バーボンカスク80％、シェリーカスク20％」のようなウイスキー。これはウッドフィニッシュとは異なり、それぞれのウイスキーをブレンドしたものです。

シェリーウッドフィニッシュのものではシェリーカスクのフレーヴァーが前面に出ていたのに対し、こちらはバーボンカスク主体の味わいの中にほんのりとシェリーカスクのフレーヴァーが混ざり合うニュアンス。全体になじんでいるようなテイストです。

例えば、オリーヴオイルとワインヴィネガーでマリネを作るとしましょう。オイルとヴィネガー両方で和えたものと、オイルのみで和えたものに最後にヴィネガーを垂らしたものでは味わいが変わってきますよね。

前者が、ヴィネガーの味わいがまんべんなく感じられる80：20のブレンド、後者がヴィネガーの味わいが前面に出ているウッドフィニッシュのようなイメージです。

更に、このウッドフィニッシュをまたまたお化粧で例えると、バーボンカスクがメイク下地、その上からコーティングするシェリーカスクがファンデーションに当たるような感覚です。女性の皆さんにはこちらの方が分かりやすいかもしれませんね。

スコットランドのシングルモルトウイスキーの基本

スコットランドの6地方

さて、スコッチの共通点を押さえたところで、いよいよ地域ごとのシングルモルトを見ていきましょう。

先の項目でも軽く触れましたが、スコットランドのウイスキー生産地は大きく6つに分かれます。この6種類をこれからご紹介していきますが、生産地域ごとに何本かずつのボトルをご紹介しますので読み進めるごとに体験してみてください。

まずはなんとなく産地の地図を頭に入れていただければ、と思います。さらに、各蒸留所に造りの特徴があるので、そういったところも加味しつつ、好みを探っていきましょう。

ただ、実際問題として、「スペイサイドからハイランドに入ったところで、急に酒質が変わる」なんてことはありません。「グラデーションで徐々に味わいが変わっていく」くらいの多少アバウトな心持ちで、寛容に捉えていただければと思います。

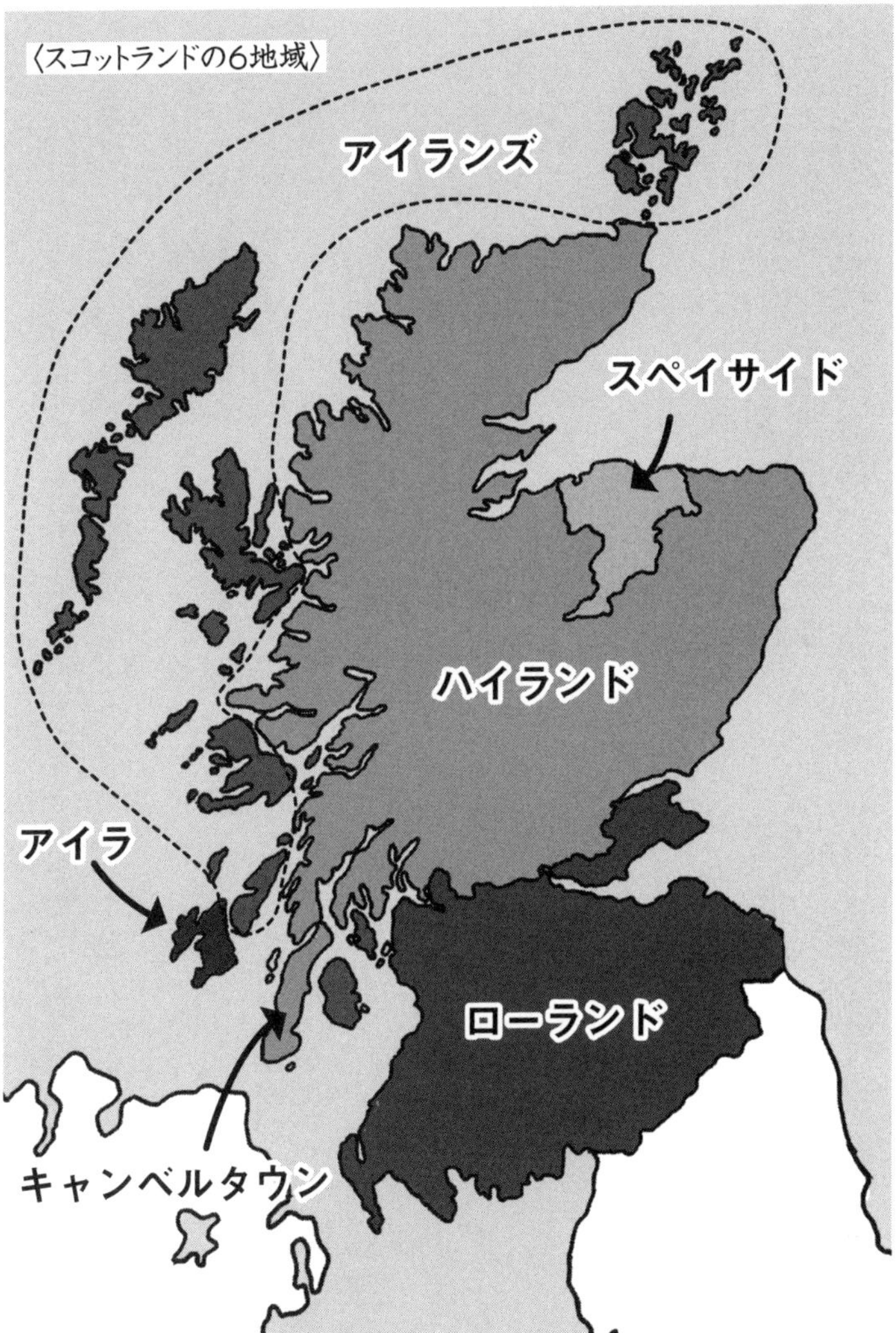
〈スコットランドの6地域〉
アイランズ
スペイサイド
ハイランド
アイラ
ローランド
キャンベルタウン

Ⅰ・スペイサイド《Speyside》

地理的にはハイランドの北部に位置しますが、スペイサイドのみで相当数の蒸留所があり、独立した地域として扱われることが多いです。上品で繊細、華やかな味わいが特徴。

Ⅱ・ハイランド《Highlands》

とても広い範囲に蒸留所が点在しています。そのため、共通した味わいというのは他の地域と比べると少ないです。スペイサイドと地続きなこともあり、やや共通項はありますが、ハイランドの方がふくよかなものが多い印象です。本書では広過ぎるハイランドを更に小分けして特徴を捉えていきます。

Ⅲ・アイラ《Islay》

アイラ島で造られるシングルモルト。「ピート《peat》香」と呼ばれるスモーキーさが特徴。消毒液や正露丸のような薬品臭があり、最も癖のあるウイスキーと言われています。

Ⅳ・ローランド《Lowlands》

ハイランドと同様に、広いには広いのですが、蒸留所の数が非常に少ない。そのためハイランドのように、さらに細かく地域を分けるようなことはしません。ライトでクリーン。軽めの酒質が特徴です。

V・キャンベルタウン《Campbeltown》

現在稼働されている蒸留所は3つのみ。磯のような塩気を特徴とする【スプリングバンク】が最も有名です。とろりとしてオイリーな質感があります。

VI・アイランズ《Islands》

アイラ島以外の島で造られるもの。アイラ島のように1つの島に複数の蒸留所があることはまれで、「その他」的なくくりです。そのため、一概に特徴があるわけではなく、異なった個性を楽しむことができます。アイラほどではないですが、ピート香を持ったものもあります。

地域と味わいの関係性

さて、スペイサイドは上品で華やか、ハイランドはスペイサイドと共通項がありつつもよりふくよかなどと特徴がありますが、なぜこのように共通項や地域ごとの違いが出てくるのでしょうか。様々な理由がありますが、そのうちの2つを考えてみましょう。

①テロワール

これはワインの世界から借りてきたフランス語です。「地味《ちみ》」などと訳されることもありますが、要するに、その土地における環境が味わいに影響を及ぼすということです。仕込みに使う水なんかもそうですね。使う水の質が似ていれば味わいも近くなるでしょう。

では、このテロワールと「個性」との違いは何でしょうか。

一般に、テロワールには人間の干渉を含みません。風土の影響のみなのです。海に近いところで造られたウイスキーに磯の香りがしたり、森の中で造られたウイスキーを爽やかに感じたり、というのがテロワールです。

このテロワールに蒸留方法の違いや、樽による影響など人の手によって生まれた特徴を合わせたものが「個性」になります。ちなみに、あまり有名ではないですが、「個性」はフランス語で**「ティピシテ」**と言い、テロワールと比較される概念になっています。

フランス語の「テロワール」と日本語の「個性」が一般的に用いられているというおかしなことになっていますので、本書ではどちらかに統一したいのですが、お酒好きの方には、「地味」より「テロワール」の方がしっくりくるかと思います。なので、これからはフランス語の「テロワール」、「ティピシテ」を採用したいと思います。

「ティピシテ」はテロワールまで含んだ、そのウイスキーの「キャラクター」、「個性」はそのウイスキーの中の1つの「特徴」。本書ではこんな感じで使い分けていこうと思います。

②地域の伝統

こちらは前述の言葉だと、「ティピシテ」側の概念ですね。

例えば、アメリカであれば、最初にウイスキー造りに使われたのがトウモロコシだったから今もトウモロコシからバーボンが造られています。また、珍しいですが、スコットランドの中にも3回蒸留を創業時からずっと続けている蒸留所もあります。それぞれの地域や、蒸留所で各々の伝統を守りながらウイスキー造りは続けられているので、伝統によってウイスキーの味わいは形成されている、と言えます。

ちなみに、アイラモルトではピート香と呼ばれる、独特のスモーキーな味わいが特徴ですが、これはピートという原料をウイスキー造りに使用しているために生じる香りです。

アイラ島では伝統的に、このピートを使ったウイスキー造りが行われてきたので、一見、「②地域の伝統」に分類できそうです。しかしながら、このピートはスコットランドの中でも特にアイラ島で多く採取されるものなんです。つまり、アイラ島の土地の味と捉えることもできるわけです。このように「①テロワール」でありながら、「②地域の伝統」の側面を持つようなファクターもいくつか存在します。

それでは、次項からいよいよ地域ごとにシングルモルトを見ていきましょう。これまでは少し勉強的な内容が多くなってしまいましたが、全てはこれ以降の章を楽しむため。これからは美味しく楽しくウイスキーに親しんでいきましょう。グラスを片手に読んでみてください。

スコットランドの地域を知るための5本

さて、今回の宿題コーナーでは、これまで見てきた地域からご紹介します。

その地域を代表するものを選んでいるので、後の章で再び登場するものもあります。詳細な香りなどは以後の章でじっくり捉えていくので、今回は各地域の特徴と照らし合わせながら、やんわりと掴んでいきましょう。

ただし、先ほどもお話ししたように、アイランズモルトはそれぞれが離れた場所に位置しており、特徴も異なるため「代表的な1本」というものがありません。アイランズのもの同士を比べた方がはるかに有用なので、ここではアイランズを除いた5地区のものを並べてみましょう。

今回は典型的な味わいのもの、さらに熟成による差異も小さくなるように、すべてバーボンカスクとシェリーカスクの両方で熟成されたものから選択しました。

比較的有名な銘柄が多いので、探すのはさほど大変ではないと思います。

この後各地域のシングルモルトに入りますが、ここでご紹介する1本をベースとして比較していくのもありかと思います。例えば、「『○○』は『ボウモア12年』と比べたらボディは重く、シェリーカスクの影響が強くて……」といった具合です。

最初は難しいと思いますが、味を明確に覚えられるとこういった芸当もできるようになります。

今後も出会う機会が多いボトルかと思いますので、飲むときに意識してみてくださいね。

1 アベラワー・ダブルカスク12年　（スペイサイド）

酒質は軽めですが、シェリーカスクを上手に使っていて、厚みのある味わいです。もともとは「ストラスアイラ12年」という、比較的メジャーなものをご紹介する予定だったのですが、執筆中に終売となってしまいました……。【アベラワー】は優良な蒸留所であるにもかかわらずバーでは半々くらいの確率でしか見かけないので、「ストラスアイラ12年」かどちらかを探して飲んでみてください。

2 アバフェルディ12年　（ハイランド）

ボディはミドル～フルの間くらい。スペイサイドと比較して重厚な味わいであることに注目してみてください。「アバフェルディ 12年」がなければ「ロイヤル・ロッホナガー 12年」でもハイランドの特徴を捉えられます。

3 ボウモア12年　（アイラ）

スモーキーなアイラモルトです。ピート香と呼ばれるヨードや正露丸のような香りが特徴で、好き嫌いははっきり分かれる地域です。その他に潮風のような海っぽいニュアンスも探してみてください。

4 オーヘントッシャン12年　（ローランド）

ライトボディでさらっとした綺麗な酒質です。ハーブのような爽やかなニュアンスも見つけられます。他の12年ものよりも、熟成感があり、樽のニュアンスもやや強く感じるかもしれません。

5 スプリングバンク10年　（キャンベルタウン）

塩気を感じる独特なニュアンス。とろりとしたオイリーな質感なので、比較的、特徴は掴みやすいと思います。その中でもスプリングバンクはキャンベルタウンらしさ全開で、エントリーにはちょうど良いかと思います。もし「スプリングバンク10年」がなかったら「グレンスコシア・ダブルカスク」も隠れた銘酒なので試していただきたい1本です。

スペイサイドモルトウイスキーを飲む

スペイサイドのお品書き

記念すべき最初の地域はスペイサイドです。なぜここをはじめにしたかというと、「味わいにある程度の共通項があるから」。

後で述べますが、ハイランドでは、とても広いエリアに蒸留所が点在しているため、北と南、西と東では個性が異なってきます。また、アイラは「ピート香」の特徴が目立つため初回には不向きですし、ローランドでは蒸留所のサンプル数が少な過ぎます。

こういった理由で、本書ではまずスペイサイドから始めていきたいと思います。蒸留所の数が多いのでややヘヴィになってしまいますが……。

前の項目でも軽く触れましたが、**スペイサイドモルトは繊細で華やかな味わいが魅力**です。これが先にお話しした「共通項」。つまり程度の違いはあれど、ほとんどのスペイサイドモルトがこの特徴を有しているのです。そして、地域差が小さいため、造り手の個性で味わいに違いが生

まれてくるということになります。

言い方を変えれば、これまでにお話しした造りの違いを最も感じ取りやすい地域。ここをスタートとするのが良さそうですね。前の項のメインテーマである「樽熟成」や「バーボンカスクとシェリーカスクの違い」を体感するのにも最適な地域です。


それでは早速、スペイサイドを一緒に見ていきましょう。

今回のテーマは、「スペイサイドの特徴を押さえる」、「造りの違い（特に樽熟成）を理解する」の2つです。理解しやすさを重視するために、このような順番で進めていきます。

「地域差がない」ということを再三お話ししてきましたが、スペイサイドには50近い蒸留所があり、それらを全て一括りにしてしまうと、煩雑になってしまいます。スペイサイドをさらに7、8の地域に分けて整理するのが一般的であるため、本書でもそれに従っていこうと思います。

ただし、スペイサイドに関してはやはり、地域による違いよりも造り手による違いの方が大きいのであまり細かいことは気にせず参りましょう。この後に概要を掲載しましたが、もちろん覚えなくて大丈夫ですし、なんなら読まなくても大丈夫。本編で出てきたときに地図を参照できるように一応載せておきますが覚える必要はありません。

また、全ての蒸留所を挙げるときりがなくなってしまうので、探しやすいものを一通り並べてみました。これだけでもかなりの数ですね。

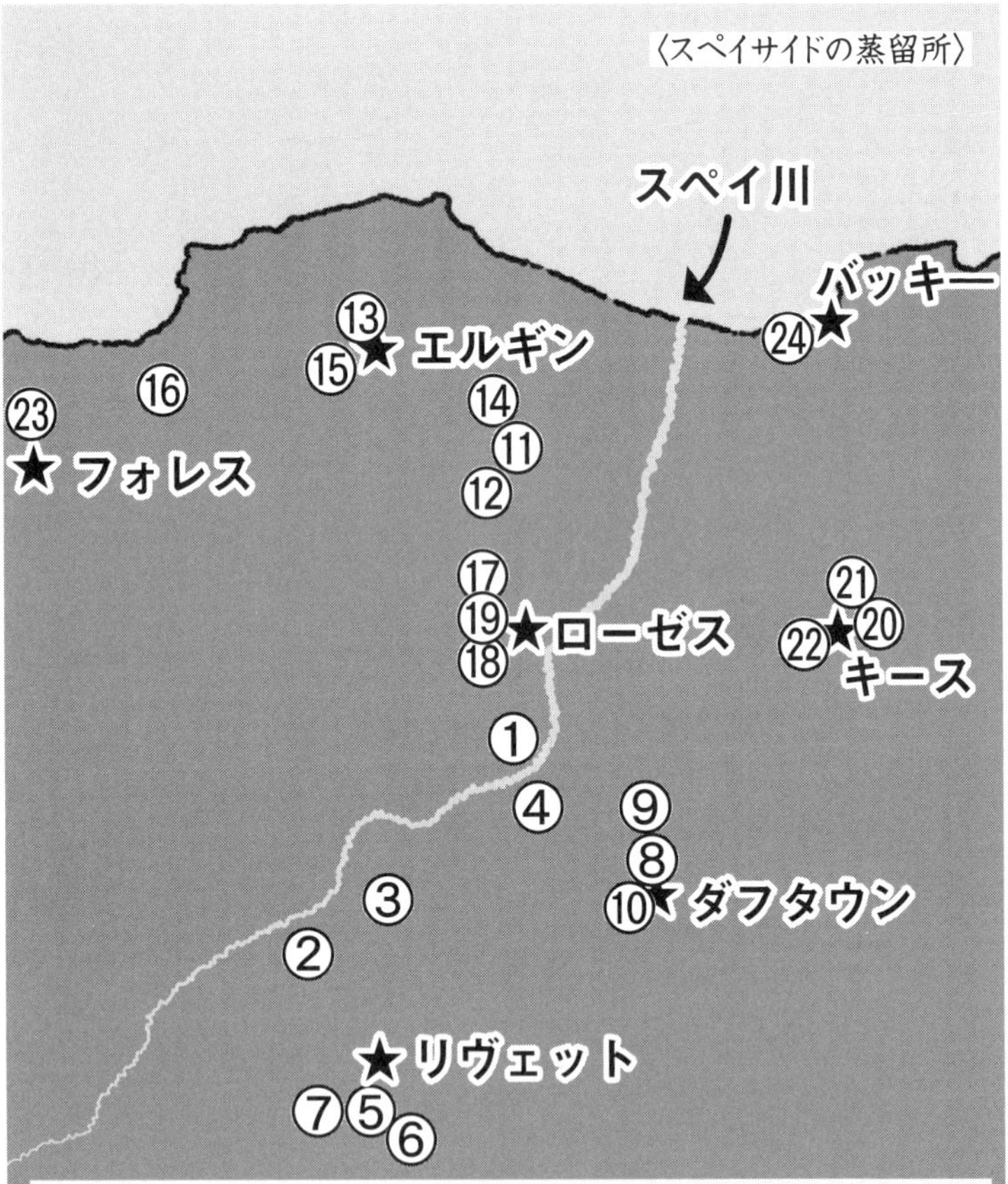

①ザ・マッカラン／②クラガンモア／③グレンファークラス／④アベラワー／⑤ザ・グレンリヴェット／⑥タムナヴリン／⑦トミントール／⑧グレンフィディック／⑨バルヴェニー／⑩モートラック／⑪ベンリアック／⑫グレンエルギン／⑬グレンマレイ／⑭リンクウッド／⑮ミルトンダフ／⑯グレンバーギ／⑰グレングラント／⑱グレンロセス／⑲スペイバーン／⑳ストラスアイラ／㉑オルトモア／㉒グレンキース／㉓ベンロマック／㉔インチガワー

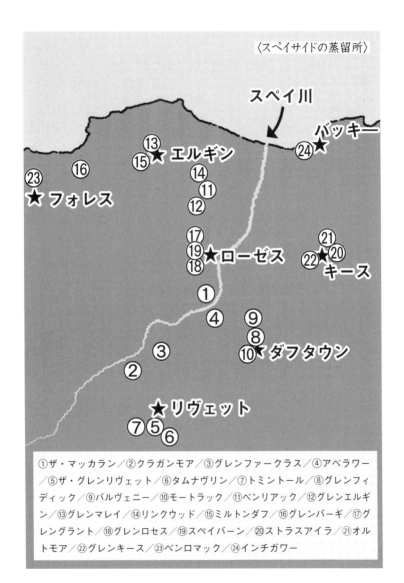

Ⅰ・スペイ《Spey》川流域

14の蒸留所がスペイ川の流域に沿った立地にあり、代表格は【ザ・マッカラン《The Macallan》①】です。また、【クラガンモア《Cragganmore》②】や【グレンファークラス《Glenfarclas》③】、【アベラワー《Aberlour》④】といった有名蒸留所がスペイ川流域に位置しています。

Ⅱ・リヴェット《Livet》

圧倒的に有名なものが【ザ・グレンリヴェット《The Glenlivet》⑤】。さらに1960年代に創業した【タムナヴリン《Tamnavulin》⑥】と【トミントール《Tomintoul》⑦】があり、いずれもオフィシャルボトルが入手可能です。

Ⅲ・ダフタウン《Dufftown》

スペイサイドで最も有名な地区で、【グレンフィディック《Glenfiddich》⑧】やその姉妹蒸留所【バルヴェニー《Balvenie》⑨】など、7つの蒸留所があります。そのほかに、有名なのは【モートラック《Mortlach》⑩】。これはオフィシャルボトルのリリースもありますが、ブレンデッドウイスキーも供給されています。

Ⅳ・エルギン《Elgin》

蒸留所は11か所。オフィシャルボトルを見かける機会が多いのは、【ベンリアック《BenRiach》⑪】、【グレンエルギン《Glen Elgin》⑫】、【グレンマレイ《Glen Moray》⑬】などでしょうか。ボトラーズでぜひ試していただきたい【リンクウッド《Linkwood》⑭】もここ。そのほかにブレンデッドウイスキーの〈バランタイン《Ballantine's》〉のキーモルトである【ミルトンダフ《Miltonduff》⑮】や【グレンバーギ《Glenburgie》⑯】もエルギン地区に位置します。

Ⅴ・ローゼス《Rothes》

蒸留所は4つ。【グレングラント《Glen Grant》⑰】、【グレンロセス《The Glenrothes》⑱】、【スペイバーン《Speyburn》⑲】はオフィシャルボトルがリリースされていて、軽めの酒質とドライな後味はこのエリアに共通しています。

Ⅵ・キース《Keith》

6つの蒸留所があり、【ストラスアイラ《Strathisla》⑳】と【オルトモア《Aultmore》㉑】はオフィシャルボトルが出ています。その他の蒸留所はブレンデッドに回されることが多く、あまり目にする機会はありません。【グレンキース《Glen Keith》㉒】は【ストラスアイラ】とともに〈シーバスリーガル〉の主要原酒です。

Ⅶ・フォレス《Forres》

ここには【ベンロマック《Benromach》㉓】という蒸留所があり、1か所のみです。むしろ長年停止していた【ベンロマック】が再開したために、新しくフォレス地区という括りができたようなものです。

Ⅷ・バッキー《Buckie》

【インチガワー《Inchgower》㉔】という蒸留所のみですが、他のいずれにも属さないので独立した地区としています。スペイサイドの中では珍しく海に面した立地。

Ｉ・スペイ川流域

バーボンカスク、シェリーカスクの違いをまずは体感してみましょう。いくつかの蒸留所のスタンダード品同士、樽の特徴が見えてきやすいものを比べていこうと思います。まずはＩ・スペイ川流域の蒸留所から、それぞれをピックアップしていきます。

【クラガンモア《Cragganmore》】

まずはバーボンカスクのものから。「**クラガンモア12年**」をぜひ飲んでみてください。スペイサイドらしい繊細さを持ちつつ、モルトの甘みを感じる複雑でクラシカルなスタイルです。

日本においては超有名銘柄というわけではなく、３０００円ちょっとで購入できるのですが、品質は５０００〜６０００円くらいしてもいいようなものです。

サードフィルのため、樽のフレーヴァー自体はやや弱いですが、バーボンカスクを知るのと同時にスペイサイドの酒質も理解できてしまう素敵なお酒です。

酒質としてはライトボディ〜ミディアムボディくらい。しかし決して薄っぺらくなく、様々なフレーヴァーが幾層にも重なっているような厚みがあります。

これらを還元していくと、まず支配的なのはモルトや、フレッシュなお花のようなフローラルな香りです。その他にハチミツやヴァニラ、カスタードなどの甘いデザートのようなニュアンスがほのかにあります。お化粧薄めの、素朴な印象です。

ちなみに、「モルトの香り」はいまいちピンと来ないかもしれませんが、オートミールなどをイメージしてみてください。樽由来の香ばしさが加わるとグラノーラのようになります。

実際に、これらのうちでバーボンカスクに由来すると考えられるのは、ハチミツ、ヴァニラ、カスタードなどです。また、モルトの香りが強いのは、樽の影響が小さいからと考えられます（サードフィルのため）。バーボンカスクのものではフレッシュなフルーツのような香りを感じることもありますが、「クラガンモア12年」においてはそのほかの香りが優勢でした。

お花のようなフレーヴァーに関しては他の地域のものにもありますが、やはり繊細なスペイサイドで最も強く感じられると思います。

【グレンファークラス《Glenfarclas》】

次に同じ地区の中から【グレンファークラス】。こちらの蒸留所のものは全てシェリーカスクで熟成を行っています。ということで【グレンファークラス】のアイテムでシェリーカスクの特徴を理解しましょう。

ここでは「グレンファークラス12年」を取り上げます。まずは香りを嗅いでみましょう。カラメルでコーティングされたナッツ、レーズンやプルーンのような黒系のドライフルーツに加えて、シェリーそのものの香りがあります。紹興酒に通じる風味ですね。

ボディは「**クラガンモア12年**」と比べると重いです。ミディアムより少し重いくらいでしょうか。2本目なのでわからないかと思いますが、これはスペイサイドの中ではやや重い分類に入ります。シェリーカスクは風味が強いので、強めの酒質のものの方が相性が良いとされています。

【グレンファークラス】には様々な熟成期間のものがありますが、いずれもシェリーカスクの影響が強く出ていて、シェリー自体の香りを持つものも少なくありません。シェリーカスクが前面に出ているこのスタイルを気に入ったらぜひ、別のラインナップも試してみてください。

個人的にお勧めなのが「**グレンファークラス105**」。これはノンエイジ（熟成年数表記のないもの）ですが、やはりシェリーカスク由来の風味に富んでおり、非常によくできたウイスキーです。お値段もリーズナブルで、アルコール度数は60％。若いことに加えて度数が高いのでややとげとげしさはありますが、「美味しい、安い、度数が高い」と最高級のコストパフォーマンスを誇ります。

シェリーカスク熟成のものはお値段が張ることが多いですが、「デイリーにシェリー系を飲みたい！」という方には特にお勧めの1本です。

【ザ・マッカラン《The Macallan》】

そして、この地区で触れないわけにはいかないのが**【ザ・マッカラン】**。「**シングルモルトのロールスロイス**」などと紹介されていることでも有名です。

シェリーカスクの担当はこちらにしても良かったのですが、スペイサイドの中では例外的にボディがしっかりしていますし、シェリーカスクに対するこだわりが尋常じゃないので、外すことにしました。というのも、【ザ・マッカラン】ではシェリーが取り出された樽を業者から買い取るということはしません。

まず自身で樽を注文し、その樽をシェリー業者に預けて、数年使ってもらった後、それらの樽をスコットランドに輸入するという大変な手間をかけています。ちなみにこの時に詰められるシェリーは100%オロロソです。

樽に使用する木材にも特色があります。今の時代、多くのシェリーカスクはアメリカンオークという木材で作られているのですが、【ザ・マッカラン】のシェリーカスクはスペイン産のコモンオークという種類のものからなります。

実は、アメリカンオークに代わるまで（400〜500年前まで）はこちらのコモンオークが主体だったのですが、徐々に廃れていってしまいました。そこで【ザ・マッカラン】では「元来のシェリーカスクを追求する」という意図からか1980年代から上記のような樽の調達方法をとるようになり、樽の素材も昔ながらのコモンオークに変更していきました。現在は、コモンオークは他の蒸留所でも導入されています。

以上のような製法から、唯一無二のティピシテを持ったシングルモルトを生産していると言えます。実際に「**ザ・マッカラン・シェリーオーク《SHERRY OAK》12年**」を飲んでみると、乾燥ナツメヤシ（デーツとして売られているものと同じです）や、プルーンのような、ドライフルーツの中でも凝縮感の強いフレーヴァーがあります。加えて、シェリーそのものの甘やかさも感じ取れます。シェリーカスクで長期間熟成されたものでは近いニュアンスが出てくることはありますが、12年ほどの熟成で現れるのは珍しいと言えます。

誤解があるといけないので補足しますが、【ザ・マッカラン】ではコモンオークのシェリーカスク以外に、一般的なアメリカンオークのシェリーカスクや、バーボンカスクも熟成に使用しています。これらは「ダブルカスク《DOUBLE CASK》」や「ファインオーク《FINE OAK》シリーズ」で用いられています。

【アベラワー《Aberlour》】

また、知名度はそこまで高くないですが、【アベラワー】も高品質なウイスキーを生産しています。前の時間の宿題コーナーで取り上げましたね。

多くのボトルがバーボンカスク、シェリーカスクをどちらも用いたスタイルで、「12年・ダブルカスクマチュアード《DOUBLE CASK MATURED》」が入門ボトルです。青リンゴのようなフレッシュフルーツのニュアンスとシェリーカスク由来のドライフルーツ感が共存しています。

ブレンドのものとしてはシェリーカスク優位な印象です。このタイミングでも注意深く飲んでいただければ伝わると思いますが、それぞれの樽の個性を理解した上で、飲むと非常に多くの発見があるかと思います。そのほかに「16年」、「18年」といったラインナップがありますが、いずれも2種類の樽を使用したダブルカスクのスタイルです。

Ⅱ・リヴェット

Ⅱのリヴェット地区に移ります。

【ザ・グレンリヴェット《The Glenlivet》】

スタンダード品は「ザ・グレンリヴェット12年」。ティピカルなスペイサイドモルトで、これの味を覚えて、他のボトルを評価していく、というようなこともできる1本です。

バーボンカスク100%で、セカンドフィル以降のリフィルのものが主体です。味わい的にはバーボンカスク由来のハチミツのようなニュアンス、ヴァニラも少しありますね。ただしリフィルなこともあり、そこまで強くはありません。特に強く感じるのはフルーツの香り。オレンジやレモンなどのシトラスですが、ドライフルーツのような感じではなくフレッシュなフルーツです。樽由来のハチミツの香りと合わさってレモンのはちみつ漬けのようにも感じます。

とても面白いものが最近リリースされましたので、ご紹介します。「グレンリヴェット12年ファーストフィル《FIRST FILL》」です。通常の「12年」はセカンドフィル以降のものが使用されているのに対し、こちらは名前の通りファーストフィルが100%です。そして、いずれもバーボンカスクで、年数表記も同じ。これはもう比較するしかありませんね。樽由来の香ばしい香りや、ヴァニラやクッキーのようなデザート系フレーヴァーが強く出ていることに気づくと思います。

Ⅲ・ダフタウン

続いてⅢ・ダフタウン地区です。
ここでは【グレンフィディック】と【モートラック】をご紹介したいと思います。

【グレンフィディック《Glenfiddich》】

【グレンフィディック】は「世界で最も売れているシングルモルト」として知られていて、「グレンフィディック12年」を1度飲んでみるとわかるのですが、嫌われる要素が全くない。非常にスムースで、柔らかい飲み口。減点方式だと高得点、加点方式だとあまり点数は伸びないかもしれないような優等生なシングルモルトです。

このように言うとあまり良く聞こえないかもしれませんが、決して個性がないわけではなく、整っているからこそ毎日飲めるお酒です。だからこそみんなに愛され、売り上げも伸びるのではないでしょうか。日本酒でいう獺祭に近いイメージ。誰からも好かれるお酒です。何はともあれ、まずは飲んでみましょう。

香りはフレッシュフルーツの香りが顕著です。「ザ・グレンリヴェット12年」もかなりフルーティさがありましたが、こちらはハチミツのようなデザート的な甘さが減り、フルーツをさらに強く感じます。さらに、フルーツの中でも洋ナシなどのようなイメージ。オレンジなどのシトラスよりもさらに軽やかですね。水分の多いフルーツのイメージです。

世界一の販売量を誇るだけあって、ラインナップはやはり豊富です。数が多過ぎてよくわからないと思うので、とにかく次は「18年」を飲んでみてください。これは置いてあるバーもそこそこ多いですし、探すのはさほど苦労しないはずです。

シェリーカスクも使用し、熟成による深みも加わっているので、フレッシュさが強い「12年」とはイメージが異なるかと思いますが、こちらもやはり尖ったところのない優等生。世界中のファンから愛されるスタイルです。

【モートラック《Mortlach》】

こちらのダフタウンの中からもう1つ、どうしてもご紹介したい蒸留所があります。それは【モートラック】です。

最近オフィシャルボトルがリニューアルされて話題になりました。しかし、新しくなる前のものも比較的最近リリースされたもので、これまではオフィシャルボトルが存在しなかったので、もっぱらボトラーズボトルが主流だったのですが、晴れて、「ジョニーウォーカー《Johnnie Walker》」など数多くアルコール飲料ブランドを保有するイギリスの酒造企業、ディアジオ《Diageo》社のラインナップに加わることとなりました。

ただし、現段階ではまだ知名度が高くないので、バーなどで見かけることは少ないかもしれません。見かけるのもまだボトラーズボトル……なんてこともあるかもしれませんので、ここでは1つのボトルを取り上げることはせずに**【モートラック】**のもの全般に共通するスタイルをお話ししたいと思います。

リニューアルされたラベルを見ると「**2・81回蒸留**」という、一見意味の分からないフレーズが記載されています。実はこの**【モートラック】**、一部3回蒸留が行われていて、2回蒸留のものと3回蒸留のものがどちらも使われています。そういった意味での「2・81回蒸留」、非常に複雑な工程で造られています。

「ダフタウンの野獣」、「スペイサイドの特徴を全て持つ」などと形容される**【モートラック】**ですが、1度飲めばその両方が理解できます。

つまり、圧倒的に力強い味わいを軸にしながら、非常に複雑で深みのある味わいを持っています。それだけ強い酒質であるため、新しいラインナップのものは、ディアジオ社の中では少ないシェリーカスクを用いた熟成がなされています。元々が厚みのあるお酒なのでシェリーカスクの持つパワーに圧倒されることがないのです。

ボトル自体も高価ですし（「12年」で6000円程度）、バーでもなかなかお目にかかれないので、機会は少ないかもしれませんが、1度は飲んでいただきたいウイスキーです。ただし、複雑なお酒で、理解するのも難しいので、今すぐというよりは、ある程度経験値を積んでからで十分かと思います。

Ⅳ・エルギン

さて【モートラック】をご紹介した流れでもう1つご案内したい蒸留所がありますので、Ⅳのエルギン地区に進みます。

【リンクウッド《Linkwood》】

紹介したい蒸留所は【リンクウッド】です。とても繊細なウイスキーを生産しています。

オフィシャルボトルは「花と動物シリーズ」というラインナップの1つとしてリリースがありますが、流通量があまり多くないので、ボトラーズボトルで見ることの方が多いかもしれません。どちらでも構わないので機会があれば飲んでほしいのですが、フラワリーな香りが非常に強いです。スペイサイドらしい華やかさの最上級に位置するのが【リンクウッド】かと思います。

実際、ボトラーズからリリースされているものもほとんどがバーボンカスクで熟成されたもので、この繊細さを活かすため、シェリーカスクの厚化粧は避けられていることが多いです。フレーヴァーを加えていくのではなく、無駄を全てそぎ落とすという逆転の発想で個性を獲得しているイメージです。

先ほどの【モートラック】が「最小公倍数」的なものだとしたら、【リンクウッド】は「最大公約数」的。そういう造りの違いを並べるために真逆の個性を持つこちらを取り上げました。

皆さんが出会うのがどのボトルかはわからないので、こちらも細かく「〜の香り」などとは書きませんが、1度飲んでいただければこの華やかで繊細ながら1本芯の通った味わいは感じとっていただけるかと思います。スペイサイドの華やかさの極致をぜひ体感してください。

【グレンマレイ《Glen Moray》】

あまり有名ではないのですが、とてもお勧めです。軽やかな酒質で親しみやすいこともあるのですが、樽の熟成が理解しやすいので特に初心者の方にお勧めです。そして安価、最高ですね。「グレンマレイ・クラシック《CLASSIC》」がエントリーラインで、「クラシックシリーズ」には、そのほかに「シェリーカスクフィニッシュ《SHERRY CASK FINISH》」、「ポートカスクフィニッシュ《PORT CASK FINISH》」、「シャルドネカスク《CHARDONNAY CASK》フィニッシュ《FINISH》」などのウッドフィニッシュと「ピーテッドシングルモルト《PEATED SINGLE MALT》」がリリースされています。ピーテッドについてはアイラ（132ページ）でご紹介しますのでそちらをご覧ください。

さて、これらは年数表記こそないものの、いずれも3000円以下で購入できてしまいます。これまでもリーズナブルなボトルはいくつもご紹介してきましたが、この価格帯でこれだけ選択肢があるのは魅力的ですね。非常に軽やかな酒質で華やかさもあり、スペイサイドらしいウイスキーを造っています。

樽についてご説明します。**ポートカスク**の「ポート」はポルトガルの酒精強化ワイン。世界3大の話でちらっと触れましたね。シェリーをさらに濃くしたような甘いニュアンスが特徴です。

ポートカスクはウイスキーの熟成にもたびたび使用されるので、特徴を理解しておいて損はないかと思います。

もう1つのシャルドネは、ワイン好きの方にはお馴染みの白ワイン用のブドウ品種です。**【グレンマレイ】**では、ブルゴーニュのシャルドネに使われていた樽をウイスキーの熟成に用いています。エレガントさが際立ったとてもきれいな味わいなのですが、こちらはあまりウイスキーの世界では登場しない樽なので、興味のある方のみトライしてみていただければ、と思います。

もう1つここで、お伝えしたいことがあります。それは「**ピーテッドのスペイサイドは珍しい**」ということ。ピーテッドスタイルはアイラで多く見られるスタイルですが、一部それ以外の地域でも生産している蒸留所はあります。実際、スペイサイドでは、50近く蒸留所があるうち、5か所ほどでピーテッドモルトからウイスキーを造っています。しかしいずれもノンピートが主体で、わずかにピートの効いたものも生産している、というくらい。やはりスペイサイドの中では異色の存在です。

本書ではバーで探しやすいものをメインにご紹介していますが、こちらは家飲み用にご提案させていただきます。実際に、「**クラシック**」、「**シェリーカスクフィニッシュ**」、「**ポートカスクフィニッシュ**」をまとめて買っても8000円程度しかかかりません。そしてこの3本を比較することで「スペイサイドの特徴」、「バーボンカスク」、「シェリーカスク」、さらに「ポートカスク」まで理解できてしまうのです。得られるものに対する教材費としてはお安いと思うので、家飲み用を迷っている方は候補にしてみてください。

V・ローゼス

次にV・ローゼス地区から、「イタリアで最も売れているシングルモルト」を製造している【グレングラント】をご紹介します。

【グレングラント《Glen Grant》】

オーソドックスなのは「グレングラント10年」。これも相当フルーティな部類です。洋ナシや柑橘などのお馴染みの果物香がメインで、「クラガンモア12年」ほどではないですが、モルトの風味も感じます。その他にナッツやトフィーのようなニュアンスも。

これらはいずれもバーボンカスクの特徴ですね。実際に熟成はバーボンカスクが１００％。熟成の部分を加味しても、ボディはライトボディに分類されるくらいの軽さです。

さらっと使ってしまいましたが、トフィーについて補足しておきます。海外のテイスティングノートなどではたびたび目にしますが、日本では馴染みがないですよね。トフィーはバター、砂糖を加熱してから、冷やし固めたハードクラックキャンディです。材料的にはキャラメルから生クリームを引いたような感じですね。実物もキャラメルのような香りはありますが、より軽やか。キャラメルとカルメ焼きの中間のようなイメージを持っていただけると良いかと思います。

ちなみに、有名なウイスキー評価誌で「グレングラント18年」が世界一になりました。

Ⅵ・キース

キースに移ります。本当は【オルトモア】と【ストラスアイラ】の2つを扱いたかったのですが、残念なことに2019年、【ストラスアイラ】のオフィシャルボトルが終売となってしまいました。早くもプレミアがついてしまい、大変値が上がってしまっているので、本書では【オルトモア】のみご紹介いたします。

【オルトモア《Aultmore》】

こちらもスペイサイドの繊細さを存分に感じられるウイスキーを生産している蒸留所で、植物系の爽やかな風味を持つことで有名です。「オルトモア」はボディとしてはミディアム程度。グラッシー（若草や芝生のような）なフレーヴァーに加えて、オレンジピールなどのフルーティな香りもあるので、一見軽い印象になってしまうかもしれません。

しかしながら、注意深く探すとハチミツやバタークッキーなどの樽由来の香りに加えて、モルト感もしっかりある、とても複雑なウイスキーです。

初心者にも優しいですが、じっくり楽しむこともできる、通好みの一面もあります。知名度はそれほど高くないですが、知る人ぞ知る蒸留所です。

Ⅶ・フォレスとⅧ・バッキー

Ⅶ・フォレスとⅧ・バッキーについては蒸留所も1か所ずつですし、なかなか見かける機会もないので、本書では割愛します。正直なところ、地区ごとに理解していく必要もない地域なので。

その他の地域でも本当は取り上げたかったものの、ページ数の都合でカットしてしまったところも数多くございます。スペイサイドは蒸留所の数も多く、オフィシャルボトルがリリースされていないようなところもありますが、ボトラーズなんかで、聞いたことがない名前のボトルがあってもぜひお試しください。

とはいえ、まずは本書でご案内した有名蒸留所のものを一通り経験して、余力があればさらに他の蒸留所のものも飲んでみる、という流れが王道かつ近道だと思います。

数あるスコットランドの産地の中でもトップクラスに奥深い地域で、今回ご紹介したのは、そのうちのほんの一部です。ぜひスペイサイドとお友達になって、さらに友好を深めていっていただきたいと思います。

スペイサイドを知るための5本

この宿題コーナーですが、一度に飲める程度の本数に抑えたいと考えているので毎回5本程度にしています（「5杯も無理だよ……」という方、すみません。2回に分けてください……）。

しかし、この章ではかなりの本数をご紹介してきたので、選別するのに非常に迷いました。最低限の5本になっていますので、これらを経験し、スペイサイドを気に入ったら、本文を参考に他のボトルも試していただけたらと思います。

今回の5本でスペイサイドの概要は掴めるようにチョイスしているので、これらを飲み終えたら次のステップでは、ご自身で気になったものから攻めていく、というようなフランクな感じで大丈夫かと思います。

その場合、特に蒸留所の数が多いスペイサイドは、お店によってかなりラインナップが異なります。「飲みたいウイスキーがなかった」なんてこともしばしば。

そういうときこそ、行ったことのないバーに足を運んでみましょう。新規開拓は苦手という方はこの本を持って行くのをおすすめします。「ウイスキーに興味がある」という名札替わりです。バーテンダーさんも怖くないですよ。お酒好きには皆さん優しく、親切に教えてくれます。

行きつけのバーに通うのももちろん良いのですが、たまに別のお店に行ってみると違った発見があると思います。もし合わなかったら行きつけのお店に戻ればいいわけですし……。

それでは今回の5本です。

1 クラガンモア12年 バーボンカスク(モルト香)

バーボンカスク、シェリーカスクのものを比べることから始めましょう。まずは、バーボンカスク100%の「クラガンモア12年」。樽の風味は大人しいので、スペイサイドの華やかな特徴もまとめて理解できる1本です。「クラガンモア12年」がなければ「グレングラント10年」でも。

2 グレンフィディック12年 バーボンカスク(フルーティ)

もう1本バーボンカスクから、フルーティさが前面に出ているものも飲んでみましょう。このフレッシュフルーツのニュアンスもバーボンカスクのもう1つの特徴です。「グレンフィディック12年」がなかったら「ザ・グレンリヴェット12年」を。

3 グレンファークラス12年 シェリーカスク

続いてシェリーカスク。スペイサイドの中ではやや重めな酒質でシェリーカスクと好相性の蒸留所でしたね。バーボンカスクではフレッシュだったフルーツが、凝縮したドライフルーツのようになっているのが分かると思います。「12年」がなければ「10年」など、【グレンファークラス】の別なラインナップを。

4 グレンマレイ・クラシック・シェリーカスクフィニッシュ シェリーフィニッシュ

お次はシェリーカスクフィニッシュがどのような影響をもたらすかをぜひ知っていただきたいと思います。ただしフィニッシュものは比較的高価なものが多く、なかなかバーで見つけられないかもしれません。どうしても見つけられなかった時のために、3000円程度で購入できるボトルからのご紹介です。こちらもなかったら「タムナヴリン・ダブルカスクマチュアード」を。

5 ザ・マッカラン・シェリーオーク12年 蒸留所のティピシテ

スペイサイド的かと言われると迷ってしまうところもありますが、唯一無二のティピシテがある蒸留所です。早い段階で、一度は経験していただきたいです。こちらがなかったら「ザ・マッカラン・ダブルカスク12年」を。

ハイランドモルトウイスキーを飲む

ハイランドのお品書き

さて、今回はハイランド地方のシングルモルトを見ていきましょう。

「ハイランド地方」として一括りにされていることが多いのですが、それではやや乱暴だと思います。

理由は「広いから」。地図を見ていただけるとわかるのですが、スコットランドの北半分のほとんどがハイランドになっています。スペイサイドと比較しても数倍の広さです。

これだけ広くて、北と南、西と東で味わいが同じはずがありません。そこで本書ではハイランドを更に東西南北の４つに分けて眺めていこうと思います。

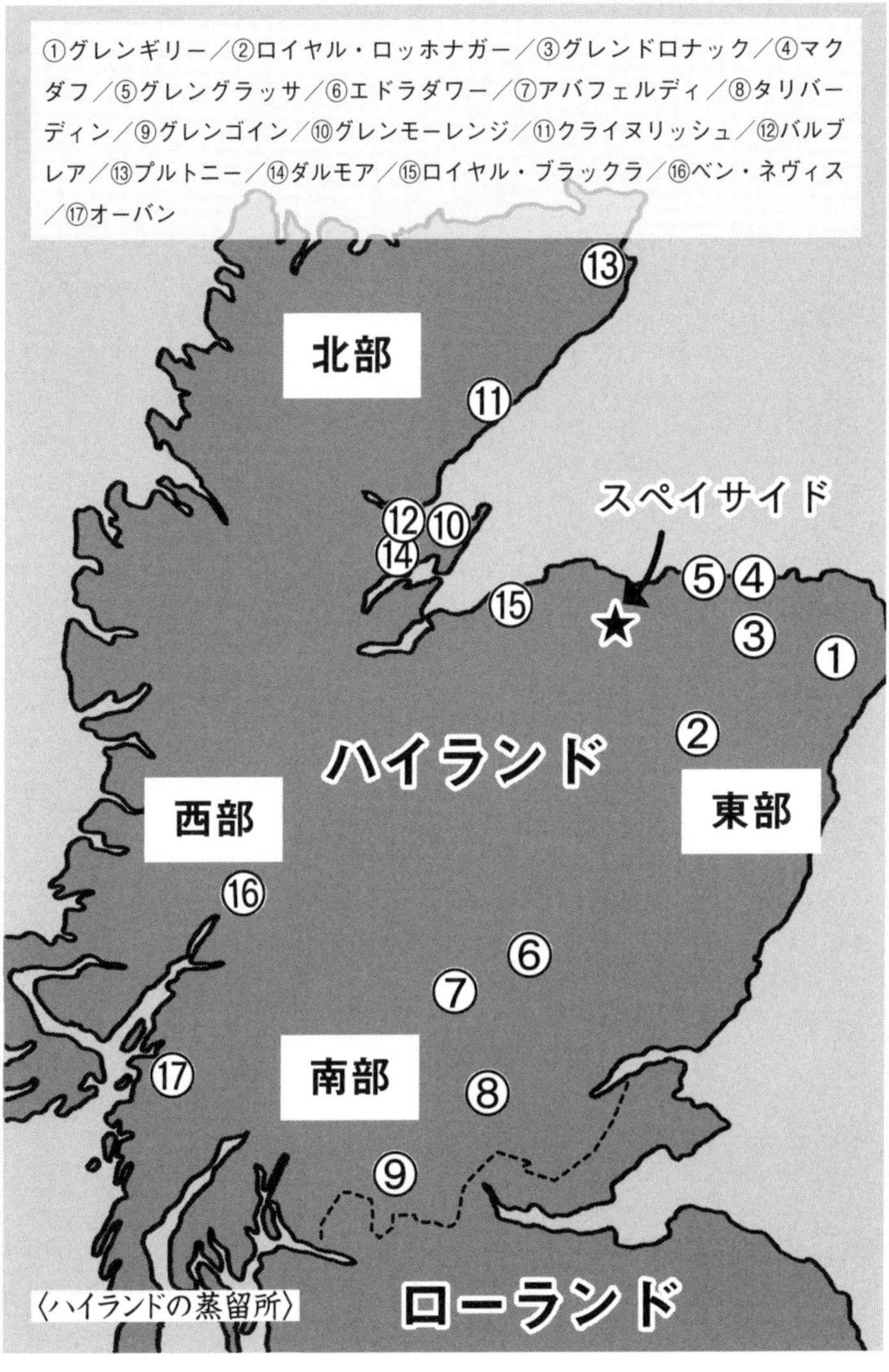
①グレンギリー／②ロイヤル・ロッホナガー／③グレンドロナック／④マクダフ／⑤グレングラッサ／⑥エドラダワー／⑦アバフェルディ／⑧タリバーディン／⑨グレンゴイン／⑩グレンモーレンジ／⑪クライヌリッシュ／⑫バルブレア／⑬プルトニー／⑭ダルモア／⑮ロイヤル・ブラックラ／⑯ベン・ネヴィス／⑰オーバン
北部
スペイサイド
ハイランド
西部
東部
南部
ローランド
〈ハイランドの蒸留所〉

Ⅰ・東部

【グレンギリー《Glen Garioch》①】や【ロイヤル・ロッホナガー《Royal Lochnagar》②】、【グレンドロナック《GlenDronach》③】、【マクダフ《Macduff》④】（ブランド名は〈グレンデヴェロン《GLEN DEVERON》〉）、近年復活を遂げた【グレングラッサ《Glenglassaugh》⑤】などがあります。後者3つはスペイサイドとの境界にあり、スペイサイドに分類されることも。

Ⅱ・南部

ローランドと接する南部には多くの蒸留所があります。有名なところでは、【エドラダワー《Edradour》⑥】、【アバフェルディ《Aberfeldy》⑦】。南側のローランド側には、【タリバーディン《Tullibardine》⑧】や【グレンゴイン《Glengoyne》⑨】などがあります。

Ⅲ・北部

最北部には、【グレンモーレンジ《Glen Morangie》⑩】をはじめ、【クライヌリッシュ《Clynelish》⑪】、【バルブレア《Balblair》⑫】、【プルトニー《Pulteney》⑬】が集まっています。少し南に下ると、【ダルモア《Dalmore》⑭】や【ロイヤル・ブラックラ《Royal Brackla》⑮】などがあります。

Ⅳ・西部

西部には【ベン・ネヴィス《Ben Nevis》⑯】と【オーバン《Oban》⑰】の2つ。いずれも同じ西部に分類していますが、2つの蒸留所はそこそこ離れています。

ざっと並べてみましたが、これだけでは何が何やらわかりませんね。わかりやすそうなところから順に見ていきましょう。

まずイメージしてほしいのは「**中央に近いほどボディが重い**」ということ。これに関しては他ではあまり言われていないですが、私の中でははっきりとそのイメージを持っています。西部や東部では、フルボディ寄りのものが多いですし、北部の中でも南側、南部の中でも北側の方が比較的酒質が重いです。北や南にそれるほど、軽くなっていく傾向にあります。

地図を見ていただくとわかるのですが、前の章で扱った、スペイサイドもハイランドの北側に位置する地区のこと。無理に独立させなければ、「軽やかな北寄りの酒質のハイランド」と捉えることもできますね。

Ⅰ・東部

Ⅰの東部から始めます。理由はここをベースにすると他の地域と比較しやすいからです。先ほどお話しした中央側のフルボディのものをいくつか試してから、北や南に行くとどのように変わっていくのかを見ていこうと思います。

Ⅰ・東部では「**重い酒質**」のほかに、「**複雑さ**」にも注目してみてください。

【ロイヤル・ロッホナガー《Royal Lochnagar》】

ここでの1本は「**ロイヤル・ロッホナガー12年**」にしましょう。

これはミディアム〜フルボディ。モルトの香りが豊かでフルーツやスパイスを感じるシングルモルトウイスキーです。フルーツはレーズンなどのドライフルーツ。シェリーカスク由来と予想できますが、そこまで強くはありません。木やナッツの香りもあり、とても複雑です。

ハイランド中央部にはこのような重い酒質のシングルモルトを生産している蒸留所が数多くあります。この重厚感をベースに北部や南部を比較していくとハイランドの概要がつかみやすいので、ぜひ、記憶に留めておいてください。

セカンドフィルで熟成されており、バーボンカスクとシェリーカスク、どちらも使われているそうです。様々な香りがあるので、樽のエッセンスはややわかりづらかったかもしれません。

【グレンギリー】 Glen Garioch

続いては、長らく私の中で「読み方が不可解な蒸留所ナンバーワン」だった【グレンギリー】です。〝Glen Garioch〟。これはゲール語なのですが、現地の人でも知らないと読めません。

この【グレンギリー】は現在サントリー社が所有していて、非常にトラディショナルで、重厚なシングルモルトを生産しています。スタンダード品は「グレンギリー12年」ですが、残念なことに正規輸入品の販売が中止となってしまいました。現在は並行輸入品がまだ市場にありますが、これもいつまで続くかわかりません。とても優秀なシングルモルトなので、手に入るうちに試していただきたい、という気持ちも込めてご紹介したいと思います。

【グレンギリー】はハイランドの中心近くに位置し、酒質は重めです。

「グレンギリー12年」はバーボンカスクとシェリーカスクをブレンドして造られていて、モルトの香りが豊か。樽香《たるこう》は、どちらかというとバーボンカスク由来のフレッシュさが優位でドライフルーツの香りがアクセントになっているような印象です。原料由来の香りと樽由来の香りが共存していて複雑。また、アルコール度数もウイスキーの平均が40～46％前後なのに対し48％と高いので、濃縮感があり、重厚に感じます。

個人的には、このような古典的なスタイルのものは好きな系統で、フルーティやフローラルなわかりやすさはないものの、じっくり楽しむことができるウイスキーかと思います。

Ⅱ・南部

続いてⅡ・南部に移ります。中央寄りの重めのタイプと南側のやや軽やかなタイプで、どちらを典型的とするか迷うところですが、知名度なども考慮し、ここでは、特徴がとらえやすい味わいのものとして、中央側の【エドラダワー】を挙げたいと思います。

ただし、ここでは南に行くにつれて酒質が変化していくのをぜひとも実感していただきたいので、何とかして、さらに南に位置する蒸留所のものもテイスティングしていただきたいところ。

地図を見ていただくとわかるのですが、【エドラダワー】や【アバフェルディ】が北部にあるのに対して、【タリバーディン】や【グレンゴイン】はやや南に下ったところにあります。更に南に下るとローランド。これらのことと、前の章でお話ししたことを整理してみましょう。

・北側の【エドラダワー】はまったりとしたフルボディ
・【タリバーディン】や【グレンゴイン】は【エドラダワー】とローランドの間に位置する
・ローランドのシングルモルトウイスキーはクリーンで軽い酒質
・地域ごとの味わいはグラデーションで変化する

全てこれまでにお話しした内容ですね。つまり、ハイランド南部の南側（ハイランドの最南端）の【タリバーディン】や【グレンゴイン】は北側とローランドの中間的なキャラクターであると想像できるわけです。「ハイランドは中央に近いほどフルボディ」というお話をしましたが、これにも矛盾しません。実際、北側の【エドラダワー】や【アバフェルディ】と比較すると軽めの味わいになります。

【エドラダワー】Edradour

【エドラダワー】はこれまで、「スコットランドで最も小さな蒸留所」というキャッチフレーズでした（近年新興蒸留所が多くできており、それらのほとんどが少量生産のため現在はそのようなことはありません）。建物もとっても可愛らしいので蒸留所の訪問客は多いそう。

蒸留所のスタッフの方いわく、「うちが1年かけて造れるのは、せいぜい大手の蒸留所が1週間で造る量くらい」とのこと。それくらい小さいんです。

しかしながら、造ったお酒をブレンデッドに回さず、そのほとんどをシングルモルトとしてリリースしているため、比較的目にすることは多いはず。

「エドラダワー10年」は重い酒質とシェリー樽熟成が合わさったフルボディな味わいが特徴。こちらは文句なしにフルボディと言って良いでしょう。

ちなみに、熟成にはシェリー樽を100％使用しているため、お化粧の例えでいうと、濃い目。酒質は重いのでややぽっちゃりな印象でしょうか。舌触りもクリーミーでマイルドです。そして注意深く香りをとるとハーブのような爽やかなフレーヴァーも見つけられます。

【アバフェルディ《Aberfeldy》】

南に行く前に、【アバフェルディ】についてもご紹介します。こちらも中央寄り、比較的重い酒質の蒸留所です。

スタンダードな商品としては、「アバフェルディ12年」が有名です。これはとてもスタイリッシュなシングルモルトで、均整の取れた味わいなので、飲み疲れしません。モルト由来の大麦の香りや、パイナップルなどの熟したフルーツの香り。ハチミツのようなニュアンスもあります。熟成にはバーボンカスクとシェリーカスクがどちらも使われています。

ちなみに、この【アバフェルディ】は〈デュワーズ《Dewar's》〉というブレンデッドの**キーモルト**（ブレンドの大きな比率を占めるモルトウイスキー）で、個人的に〈デュワーズ〉はとても好きなブレンデッドです。ブレンデッドでは、味わいをマイルドに仕上げたいので、こういった親しみやすいタイプのモルトをキーモルトに据えることが多いように思います。詳しくはブレンデッドの項で見ていきましょう。

【タリバーディン《Tullibardine》】

南に下ってまいりました。【タリバーディン】はスコットランドのトップシェアを誇るミネラルウォーター「ハイランドスプリング」と同じ水を引いていてボディはミディアム。定番商品は「タリバーディン・ソヴリン《Sovereign》」で、熟成年数の表記はないですが、ファーストフィルのバーボンカスクで熟成されています。モルトやヴァニラ、洋ナシなどのフルーティさがあります。案外樽香は抑えめです。

このタリバーディンで特に面白いのは「ウッドフィニッシュ」。ラインナップとしては「２２５・ソーテルヌフィニッシュ《Sauternes Finish》」、「２２８・バーガンディフィニッシュ《Burgundy Finish》」、「５００・シェリーフィニッシュ《Sherry Finish》」の３つがあります。いずれもバーボンカスクで熟成したものをそれぞれの樽に移し替えて追加熟成するものですが、個性がしっかり表現されていて面白いです。名前の頭の数字は「樽のサイズ」のことで、それぞれ、２２５リットル、２２８リットル、５００リットルの樽で追加熟成されたものであることを示しています。

ちなみに、「バーガンディ」というのはフランスの「ブルゴーニュ」の英語読み。タリバーディンではシャサーニュ・モンラッシェのピノノワールの樽を用いています。難しいので、赤ワインの樽、ということだけで十分かと思います。

【グレンゴイン《Glengoyne》】

【グレンゴイン】はハイランドとローランドのまさに境目に位置する蒸留所で、白塗りの可愛らしい蒸留所と駐車場の間にある道路が境界線となっています。そして、熟成庫は駐車場側。つまり、蒸留はハイランドで行い、熟成はローランド、というちょっと変わった蒸留所です。

味わい的にも穏やかで華やか。ややローランド的と言えます。【エドラダワー】や【アバフェルディ】と比較すると同じ地域とは思えないくらい、ボディが細身になります。熟成の違いこそありますが、酒質はタリバーディンよりもさらに軽い。「グレンゴイン10年」や「グレンゴイン12年」が定番で、いずれもとげとげしさが全くない、優しい味わいのウイスキーです。「10年」、「12年」、「15年」、「18年」、「21年」、「25年」、「35年」とラインナップが豊富なので飲み比べも楽しいかと思います。

蒸留所のオフィシャルサイトではそれぞれのボトルの熟成樽が公開されていますが、「リフィル」という表記が使われているので、正確にはわからないところも大きいです。

長期熟成のものではシェリーカスクがメインになります（「21年」以降はシェリーカスク100%）が、若いボトルは双方を上手に使い分けている印象です。「10年」ではバーボンカスクの風味の中にシェリーカスクがアクセント的に使われているので「飲み疲れないし、飲み飽きない」、とてもフレンドリーな出来栄えです。

典型的なものではないですが、このエリアにはその他にも面白い蒸留所があります。次にご紹介する2つは、いずれも南ハイランドの特徴を持ちつつ、独特の個性を持つシングルモルト。好き嫌いは分かれるかもしれませんが、見かけたら一度は試してみてください。

【ディーンストン《Deanston》】

【ディーンストン】はもともと紡績工場だった建物がそのまま利用されている、フォトジェニックな蒸留所。映画『天使の分け前』のロケにも使われています。ハーブのようなグリーントーンがあり、ハイランドとしては珍しくとろりとしたオイリーな質感を持っています。スタンダードの「**ディーンストン12年**」のほか、「**ディーンストン・ヴァージンオーク《VIRGIN OAK》**」という熟成に新樽を用いたものもリリースされています。

「好き嫌いが分かれる」などと言われることが多いですが、個人的には嫌いな人はあまりいないんじゃないか、と思っています。ただ、好きな人はとことん好きになりそう。そんな魅力を持ったウイスキーです。新樽のニュアンスを体験してみたい、という方にもお勧めです。

【ロッホローモンド《Loch Lomond》】

もう1つは**【ロッホローモンド】**。2014年にオーナーが変わり、2015年から現行ボトルとなり、現在もそのラインナップを増やしています。ピートの強弱により〈**ロッホローモンド**〉、〈**インチマリン《INCHMURRIN》**〉、〈**インチモーン《INCHMOAN》**〉など複数のブランドに分かれていて、さらにはシングルグレーンウイスキーもリリースしています。「**グレーンウイスキーのみで瓶詰めされるのは珍し**

い」というお話を覚えていますか？　こちらはその数少ないうちの1つです。

モルトウイスキーに話を戻します。こちらは**【ディーンストン】**よりも更に独特。南ハイランド（南側）の軽やかな酒質を持ちつつ、「**濡れた段ボール**」と形容される変わった風味を伴います。

これを「個性」と捉えるか「癖」と捉えるかで評価は変わってきそうですが、私は気に入っている側の1人です。初めは「怖いもの見たさ」で入っても構いません。そこから好きになるかもしれないですし、苦手に感じる人もいるかもしれません。一番もったいないのは飲まず嫌い。初めて飲むウイスキーには必ず発見があります。気後れせず、いろいろ試してみてください。

Ⅲ・北部

次にⅢ・北部に移ります。南ハイランドの時には、中央側とローランド側を2つに分けましたがそれと同様の考え方をしていきます。

中央側の方が、酒質が重くなりましたね。今回は「北」ハイランドなので、南側の方が中央寄りで酒質が重くなります。全てをご紹介するのは難しいので、ここでも有名銘柄に焦点を絞っていきます。

蒸留所は北から順に【ウルフバーン《Wolfburn》】、【プルトニー】、【バルブレア】、【クライヌリッシュ】、【グレンモーレンジ】。そしてもう少し南に下ると【ダルモア】、【ティーニニック《Teaninich》】、【グレンオード《Glen Ord》】、【ロイヤル・ブラックラ】、【トマーティン《Tomatin》】と続いていきます。

一般的には、これらをまとめて北ハイランドとしますが、【ウルフバーン】から【グレンモーレンジ】までの前者5つと、【ダルモア】から【トマーティン】までの後者5つでキャラクターが異なるので本書ではさらに分けてご紹介します。

中央寄りの南側から見ていきましょうか。これまでと同様に重めのボディで厚みがあるものが多いです。ここでは【ダルモア】を例に、特徴を押さえましょう。

北側からは【クライヌリッシュ】をチョイスします。まず、バーで見つけやすいもの、と考えたときに【クライヌリッシュ】と【グレンモーレンジ】の2つが候補に挙がりますが、典型的な味わいを持つものとしては【クライヌリッシュ】がベストかと思います。実際に飲んでみるとわかりますが、【プルトニー】、【バルブレア】の2つも【クライヌリッシュ】と共通する特徴を有しています。【グレンモーレンジ】はこれらとはキャラクターが違う、というだけで、オリジナリティあふれる秀逸なウイスキーを造っている蒸留所なので、改めてご紹介します。

【ダルモア《Dalmore》】

蒸留所の位置は南寄りです。

【ダルモア】は、ハンドベル型の特徴的なボトルに、鹿のレリーフが張り付けられた、高級感のあるボトルで、一度見たら忘れないインパクトがあります。免税店などでもお馴染みなので見覚えのある方もいらっしゃるのではないでしょうか。

「12年」、「15年」などの年数表記のあるものに加えて、「シガーモルトリザーヴ《CIGAR MALT RESERVE》」や免税店限定商品など、様々なボトルがリリースされています。

定番はやはり、「ダルモア12年」。モルトの香りもありつつ、オレンジピールや、オレンジのジャム、チョコレートやスパイスの香りもあり、まるでフルーツケーキのような印象です。麦、フルーツ、スパイス……フルーツケーキの材料そのままですね。

オレンジピールのようなフルーツはバーボンカスクから、チョコレートやスパイス香はシェリーカスクからきていると考えられます。また、モルトの香りは樽香が過剰ではないときに感じる穀物由来の香りでしたね。実際に「12年」は両方の樽を使っています。バランスが秀逸ですね。酒質もしっかりしていて、**12年の熟成を経てもこれだけ原料由来のフレッシュさがある、というのは長期熟成に期待できるポイントになります**。オフィシャルボトルにしか使えない推し量り方ですが、ぜひ覚えておいてください。

ご紹介したうえで、非常に申し訳ないのですが、【ダルモア】は比較的メジャーではあるものの、どこのバーにも置いてある、というようなイメージはありません。ぜひ飲んでみてほしいのですが、機会に恵まれるまでは「北部の南側は東ハイランドに近い」くらいのイメージでとりあえず進んでしまっても問題はありません。

ただ、あくまで「現段階では」というお話ですので、バーで見かけたらぜひ飲んでみてくださいね。地域の味わいというのもありますが、なんといっても高品質なので、優秀な蒸留所としても知っていただきたいです。

【クライヌリッシュ《Clynelish》】

「クライヌリッシュ14年」がスタンダードです。他の定番と比べると熟成年数が長いですね。よく「蜜蝋のような」と表現される香りと、塩っぽいニュアンスがあります。「塩っぽい」といわれてもピンと来ないかもしれませんが、実際に飲んでみると「あー」となるはずです。

また、「蜜蝋」についてもあまり身近なものではないので補足しておくと、これはミツバチの巣を精製したもので、身の回りのものでは、ろうそくや、クリームなどの化粧品に用いられています。ろうそくの香りをイメージしていただくとわかりやすいかと思います。この2つが特徴的な香りとしてありますが、ベースにあるのはモルトや、軽めのスパイス、お花のフローラルな香り。フルーツの要素は少ないですが、レモンなどの柑橘系を少し感じます。わずかに煙たいニュアンスもありますね。

これだけいろいろな香りの要素を持つ複雑なウイスキーなので、愛好家からの評価が非常に高い1本です。

この中でも特に、最初に挙げた**「蜜蝋」、「海の水」のような香りが北側の特徴**として挙げられます。その他の香りの並びを見ると、長い熟成期間ながら、樽からの影響が弱いので、リフィルの比率が高いと考えられます。ここまで来た皆さんならなんとなくわかってきたのではないでしょうか。

さて、北側の特徴を2つ挙げたのですが、本当に他のシングルモルトにも似たような特徴があるのでしょうか。実際に、先ほどお話しした**【プルトニー】**、**【バルブレア】**にはこれらの特徴があります。ただし、どちらも**【クライヌリッシュ】**と比べるとドライで男性的。**【クライヌリッシュ】**は華やかさもあり、ライト〜ミディアムボディでしたが、こちらは酒質も重くなり、パワフルな味わいです。これらの3本、飲み比べも楽しいです。

【グレンモーレンジ】

Glen Morangie

続いて【グレンモーレンジ】。実はこちら、本場スコットランドで最も売れているシングルモルトです。実際、フルーティで飲み口もスムース。ビギナーにも優しい味わいです。特色がたくさんあるので、1つずつご説明していきます。

まず1つ目は**ポットスティル。スコットランドで最も背の高い、高さ5・14メートル**というものを使用しています。さらに首がキリンの首のように細い。この奇抜なポットスティルからは、シャープな味わいで上品なニューポットが生み出されます。これまで触れてきませんでしたが、ポットスティルの大きさや形も原酒の味わいに影響します。このことについては、章の最後で詳しくご説明します。

余談ですが、このポットスティルはジン用に使用されていたものの中古です。創業時に資金不足でやむなく購入したものの、このポットスティルにより、グレンモーレンジは上品でフローラルなティピシテを獲得しました。それ以降、ポットスティルの改修や増設の際には、この初代のスティルと同様に設計し、複製されたものを導入しています。

2つ目は樽の使い方。グレンモーレンジは、ウッドフィニッシュの製法に非常に長けていて、評価も高いです。実は、古くから樽の使い方には定評があり、「**樽のパイオニア**」などと形容されることもあります。実際、スコットランドで最初にバーボンカスクを使用したのもここ。

現在使用されているバーボンカスクは、アメリカで木材の段階から選定し、作成したものをアメリカの蒸留所に4年間貸し出し、それからようやくファーストフィルとして使用します。木材の乾燥に2年ほどかけていることを考えると短く見積もっても6年かけてようやく自身で樽を使用できる計算です。アメリカとスペインの違いこそありますが、【ザ・マッカラン】に似ていますね。この手間暇かかった樽は「デザイナーズカスク」と呼ばれていてグランモーレンジを象徴するワードです。

その他に、**硬度190という、非常にミネラルに富んだ湧き水を使用**してウイスキー造りを行っていることが有名……なのですが、「乾杯の前に」で取り上げた内容を覚えていらっしゃいますか？

あまり有用な情報とは言えないんです。一応、蒸留所を訪問した際の説明では「硬水を使うと発酵が早くなり、フルーティになる」ということですが、そもそも仕込み水の硬度を公表している蒸留所がほとんどないので考察のしようがないんですね。

また、【グレンモーレンジ】にはこのほかにも特徴的な造りが数多くあるので、どこが硬水によって形成された酒質なのか、という判断もできません。このような理由から「捨て」の情報でいいと思います。

とはいえ、これからそういった分野の研究が進めば、何かしらの判断材料になる可能性はゼロではありません。現在、スコットランドで硬水を使用しているのは【グレンモーレンジ】と【ハイランドパーク《Highland Park》】（アイランズ）のみだということは一応お伝えしておきます。

さて、あまりにユニークなので、蒸留所の概要だけでずいぶん長くなってしまいました。そろそろエントリーの「グレンモーレンジ10年」をご紹介します。デザイナーズカスクのファーストフィルとセカンドフィルを使用したバーボンカスクのみで熟成。概要でお話ししたようなフルーティさやスムースな飲み口をご理解いただけると思います。また、北ハイランドの他の蒸留所でも見られた塩気も、少ないですが感じられます。

そして、なんといっても注目していただきたいのはシャープで上品、フルーティな酒質です。「フルーティ」で「上品」ときたらスペイサイドのような印象ですが、柔らかなスペイサイドに対して、こちらは個性的なポットスティルから生まれるシャープなボディが持ち味です。なんとなく「細くて背の高いポットスティル」と「硬水」にイメージがあっているような気がします。実際、この味わいとポットスティルとの関連性はあり、そのことに関してはこの章の最後で触れていますので、そちらを参照してください。

まず、バーボンカスクの「10年」を飲んでみて、この特徴を経験してみてください。これを気に入ったら【グレンモーレンジ】との相性は良いはず。いつものように別なラインナップに進んでいただくとよろしいかと思います。

Ⅳ・西部

最後になります。Ⅳ・西部には【ベン・ネヴィス】と【オーバン】という2つの蒸留所しかないですし、理解しやすそうに見えます。しかしながら、サンプルが少ないなら少ないで情報量も少なくなってしまい、特徴をつかみづらいという難点があります。

【ベン・ネヴィス】は特徴的な個性がある一方、【オーバン】は整った古典的なウイスキーを造っています。そのためどちらを西ハイランドの特徴とするか悩ましいので、西ハイランドはマクロではなくミクロの視点で考えていこうと思います。

【ベン・ネヴィス《Ben Nevis》】

特徴的な【ベン・ネヴィス】から見ていきましょう。ここはかなりオリジナリティのある風味があるので比較的捉えやすいと思います。

しかし、初見では、ややキャンベルタウン（特に【スプリングバンク】170ページ）のようなニュアンスと感じてしまうかもしれません。というのも、ピートを焚いているため、ハイランドにしてはピーティですし、海沿いの立地にあるため、塩っぽさも持っています。このようなニュアンスが【スプリングバンク】に共通しているんですね。

ピートのこともキャンベルタウンのこともまだしっかりとは触れていないので、今の段階では「そうなんだ」くらいに流していただいても大丈夫です。

可能であれば「スコットランドの地域を知るための5本」で飲んだ「スプリングバンク10年」(79ページ)の味わいを記憶から引っ張り出してみてください。だいぶ前のことなので難しいかと思いますが、今は無理でも、ここで味を覚えておいていただければ、キャンベルタウンの章で「似てるかも」と思っていただけるかもしれません。

オフィシャルからのリリースは「ベン・ネヴィス10年」のみなので、これを例として味わいを紐解いてみようと思います。

シェリーカスク由来と思われる香りが優位ですが、フレッシュフルーツもありますね。2種類の樽をブレンドしていると考えられます。先ほどお話ししたように、ピートや海のニュアンスもあります。

香りの段階でも、実際に飲んでみても、フルーツ香がこれまでと異なるように感じませんか? シロップ漬けのフルーツのような、キャンディのような、やや人工的な香り。人工的というとマイナスイメージを持たれる方もいるかもしれませんが、ピート香って少し薬品っぽい香りのように感じるので、この時点でケミカルなニュアンスがあるんです。

ピート香全開のアイラモルトウイスキーは好き嫌いが分かれるところなので、個人差はあると思いますが、このくらいのほんのりと香るくらいであれば人を選ばず、万人に受け入れられるのではないでしょうか。

【オーバン《Oban》】

そしてもう1つが【オーバン】。こちらはハイランドに位置していますが、様々な地域の特徴を感じる、いぶし銀のシングルモルトです。そのため、初めて飲むときには、「個性がない」と感じてしまうことも。というのも、要素が非常に複雑で、「オーバン14年」を飲んでいただくとわかるのですが、穀物、フルーツ、樽（バーボンカスクがメイン）、塩気に加えて、かすかにスモーキーさも持ち合わせています。

そして、【オーバン】のすごいところは、そのどれか1つが突出していないので、非常に複雑でバランスが取れたウイスキーであると言えます。華やかだったり、フルーティだったりという「わかりやすい」ハウススタイルでは決してありません。

エントリーラインの「14年」なんかは、飲み慣れていても、ブラインドテイスティングで飲んだら非常に迷ってしまう味わい。数ある香りの中からいずれか1つに気が向いてしまうと、別な地域を考えてしまうことになりますし、特徴を捉えられたとしても選択肢が挙がり過ぎてしまうのです。そういう意味で「バランスがいい」くらいから入っていくものの、何度飲んでも異なる一面を発見できる面白い蒸留所です。

このようないろいろな側面を持った原酒であるので、定番の「14年」をボトルで購入してじっくり向き合ってみる、というのには適していて、長く付き合っていきたいボトルだと思います。

〈ポットスティルの大きさによる影響〉

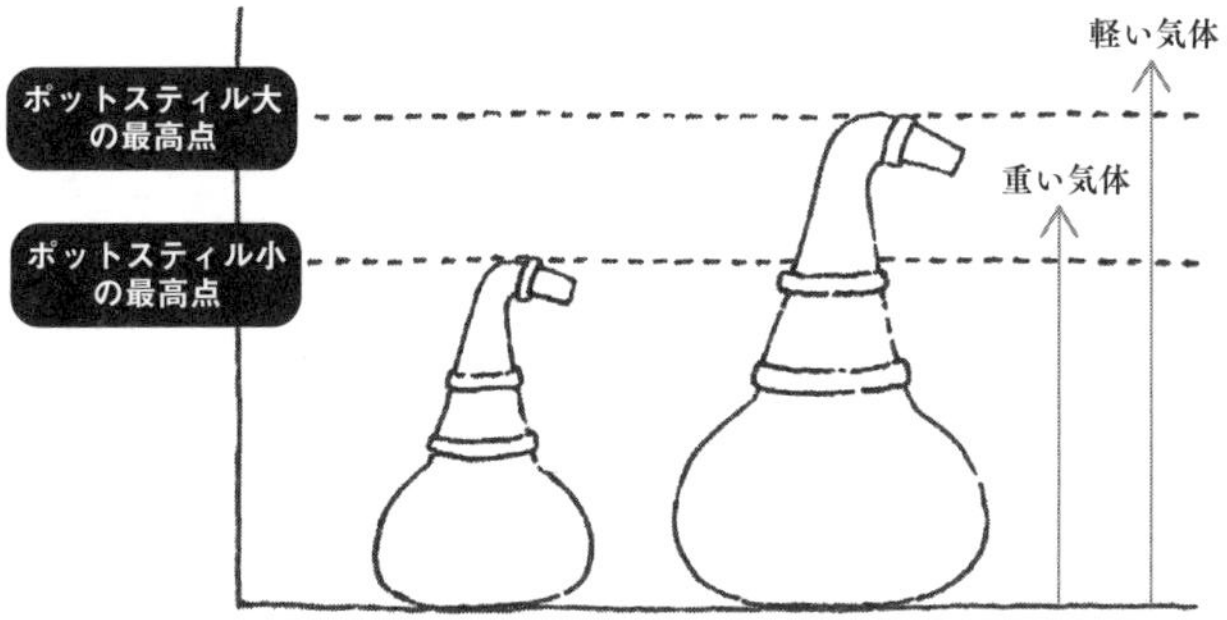

軽い気体は大、小いずれも最高点に到達できます。
重い気体は小では最高点まで到達できますが、大の最高点には到達できません。

ポットスティルによる影響

さて、高さ5・14メートルという特殊な**ポットスティル**を有する**【グレンモーレンジ】**を扱ったので、ポットスティルの違いがどのように酒質に表れるかをご紹介してハイランド地方を終えたいと思います。

と言っても現段階では科学的に解明されていないことも多い議題なので、例外も出てきてしまいますが、参考程度にお考えください。

まず最もわかりやすく味わいに影響するのは**ポットスティルの高さ**です。背の高いポットスティルからはクリーンで線の細いニューポットが得られる、とお伝えしました。それとは逆に、背の低いポットスティルを用いると、複雑味があり、重い酒質になります。なぜこのような差が生まれるのでしょうか?

重いアルコールと軽いアルコールがポットスティルの中にあったとします。すると、蒸留の際に軽い方は

〈ポットスティルの形による影響〉

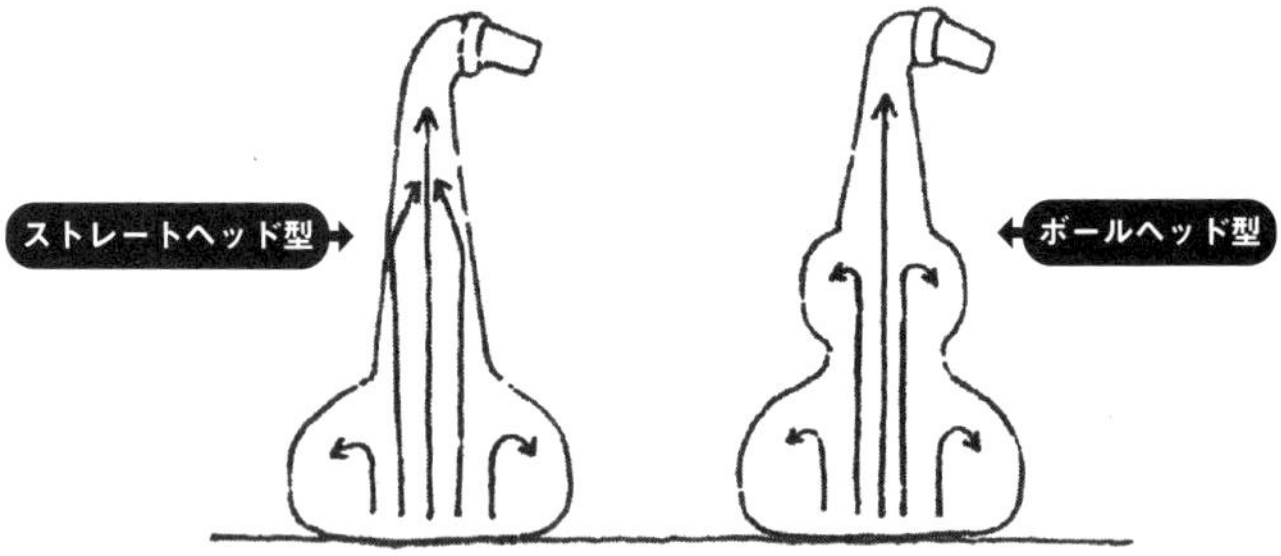

ストレートヘッド型では障害が１か所しかないのに対し、ボールヘッド型では障害が２か所あります。
低い所では重い気体が溜っているので、障害が多いほど重い気体は下に落とされていきます。

上部まで到達できますが、重い方は上に上がりづらく、壁にぶつかって落ちてしまいます。

首の部分（ネックと呼びます）の最高点に届いたものが、最終的にポットスティルから取り出されるわけですが、背が高いポットスティルでは軽い部分のものしか頂上まで到達できません。逆に、背の低いものでは、重い部分もある程度は頂上に達することができるので、結果として、重いアルコールも一部取り出すことになります。

また、一般的に、雑味成分の少ないアルコールは軽くなることが知られています。逆もしかりで、複雑味のあるアルコールは比重が重くなるため、比較的早い段階で落ちていくことになります。アルコールは**「重い→複雑」**、**「軽い→クリーン」**という図式が成り立つのです。

容量も同じように考えられます。同じ形状であれば、容量が小さいものの方が背が低くなりますし、大きければ背も高くなります。結局のところ、ここでも「気体の上りやすさ」が異なるために、得られるアルコールの質も変わってくることになります。

実際に背の高さがここまで強調されるのは**【グレンモーレンジ】**くらいなので、「大きさ」に統一してこれまでの内容をまとめると、「大きいポットスティルからはクリーンで軽い酒質」、「小さいポットスティルからは重くて複雑味のある酒質」がそれぞれ得られることになります。

この考え方は形状にも応用できます。126ページでいくつか代表的な形状を示しました。そのうちの**ストレートヘッド型**と**ボールヘッド型**を考えてみましょう。

蒸留が行われるとき、アルコールなどを含む水分は気化して、上に上っていきます。ストレートヘッド型の場合、上っていく気体に対して、障害物はあまりありません。一方、ボールヘッド型ではくぼみの部分が気体を遮り、上まで上るのを防ぎます。低い位置ではやはり、重いアルコールが留まっているので、重い部分の方がメインに落とされていくことになります。

胴体部分とヘッドのつなぎ目部分も障害物となるため、実際には気体を妨げるものがそれぞれ1つ、2つあることになりますが、障害が多い方が上まで上がりづらいことに変わりはありません。こういった理由から、ストレートヘッド型とボールヘッド型では、前者からは重い酒質、後者からは軽い酒質が得られることになります。

やや踏み込んだ内容だったので難しかったかもしれませんが、まとめると**「容積の大きい（背**

の高い）ボール型のポットスティルからはクリーンで軽い酒質」が、**「容積の小さい（背の低い）ストレートヘッド型のポットスティルからは複雑で重い酒質」**が得られると覚えてしまっても構いません。仮に忘れてしまっても「頂上への到達しやすさ」を考えれば、なんとなく導ける知識だと思います。

これまでに登場した蒸留所では**【エドラダワー】**（１０９ページ）が分かりやすいと思います。スコットランドで使われているポットスティルの中で最小の１８００リットル（４００ガロン）で、法律で認められているぎりぎりのサイズです。

というよりも、これをもとにして、法律を制定したので４００ガロンが最小サイズとなっている、という歴史があります。一般的に使われているものは1万～2万リットルくらいのものが多いので、いかに小さいかがわかりますね。

「**エドラダワー10年**」の味わいを思い出してみてほしいのですが、中央ハイランドの中でも特にヘヴィなボディでした。形状も「タマネギ型」と呼ばれるストレートヘッド型に近い形なので、このような酒質になっていると考えられます。

補足すると、**【エドラダワー】**ではポットスティルに「**ピュアリファイアー**（精留器）」と呼ばれる器具を補助的に使用しています。簡単に言うと冷却器で、アルコールの重い部分を冷やして落とす、という働きがあります。これを付けてなお、この重量感。ピュアリファイアーがなかったらヘヴィ過ぎてしまうのだと思います。

ピュアリファイアーを使っているところはごくわずかで、スペイサイドの**【グレングラント】**

（97ページ）はそのうちの1つ。こちらは順当に軽やかなタイプに仕上がっていましたね。

ごちゃごちゃしてしまうので、本書では細かいポットスティルのデータは記載していませんが、調べればほとんど出てきます。気になったものがあれば、検索してみてください。

ハイランドを知るための5本

さて、ハイランド地方が終わりました。いかがでしたか？

もう一度だけ、復習です。「中央に近いと重厚なフルボディになる」ことが考え方のベースでしたね。そこから派生していくと……「東、西ハイランド」はフルボディ、「南ハイランド」では北側の方が重くなり、南側ではローランド寄りの軽い酒質になる。「北ハイランド」では南側の方が重くなり、北側の方が軽くなる。さらに蜜蝋や潮っぽいニュアンスを持つものが多い。

もちろん例外はありますが、おおよそこのようになっていましたね。これを踏まえて今回の宿題コーナーです。

本数的に外れてしまいましたが、機会があれば「グレンモーレンジ10年」は探すのも簡単ですし、ぜひ飲んでいただきたいです。ティピシテが確立されている、マッカラン的な立ち位置ですね。

スペイサイドに引き続き、蒸留所があまりにたくさんあるので、掲載できなかった蒸留所がいくつもあります。例えば104ページで軽く触れた【グレンドロナック】や【マクダフ】。この辺りは地理的な問題で（スペイサイドに分類されることもあるため）本文中では取り上げませんでした。また、202ページにもありますが、【ダルウィニー】も似たような理由です。

このような理由で外れただけなので品質的には素晴らしい蒸留所です。スペイサイドとハイランドで味わいがグラデーションで変わる様子も見ることができます。

1 ロイヤル・ロッホナガー 12年

まずはこれを飲んで中央ハイランドのボディの重さを体験するところから始めましょう。樽のニュアンスがやや複雑ですが、セカンドフィルでモルトなどの香りもしっかり残っています。「ロイヤル・ロッホナガー12年」がなかったら、終売品ですが、「グレンギリー12年」もまだまだバーでは見かけるので今のうちに飲んでみてください。

2 エドラダワー 10年

南部からは2本選びました。北側で、中央寄りの酒質を持ったものから、南側に進み、酒質が軽やかになっていく様子を捉えていただけたら良いと思います。シェリーカスクの熟成による厚みも加わり、こちらはクリーミーでまったりとしたフルボディです。「エドラダワー 10年」がなかったら「アバフェルディ 12年」も。

3 グレンゴイン 12年

南部のもう1本。ローランドに近づき、酒質が軽くなっています。リフィルが主体で樽香も優しくややローランド的な1本です。「10年」もありますが、どちらでも問題なく特徴は捉えられると思います。「グレンゴイン12年」がなかったら「タリバーディン・ソヴリン」を。こちらも軽めの味わいを持つボトルです。

4 クライヌリッシュ 14年

蜜蝋だったり、海のニュアンスだったりと少しわかりづらい表現がなされていましたが、北部ハイランド(特に北側)の特徴の1つです。別な言葉でも結構ですので、これらの特徴をぜひ探してみてください。こちらがなければ「オールドプルトニー 12年」を。酒質がより重くなり、後味がドライになります。

5 ベン・ネヴィス 10年

西ハイランドは蒸留所が2つしかなく、どれが特徴か決めづらいのですが、わかりやすいティピシテを持ったこちらをピックアップしてみました。シロップ漬けのフルーツのような味わいが特徴で、海水のような海のニュアンスがあります。「ベン・ネヴィス10年」がなければ「オーバン14年」を。様々なフレーヴァーを有する通好みのお酒です。

アイラモルトウイスキーを飲む

アイラに入る前に

いよいよ最も癖のあるウイスキーを生産している地域のアイラに入っていきます。

アイラモルトの特徴は**スモーキーな煙たいフレーヴァー**があること。この独特の風味には中毒性があるので、注意が必要。というのも、日常的にこのウイスキーばかりを飲んでいると他の地域のものを「物足りない」と感じてしまうことがあるからです。

また、スモーキーなインパクトの方が顕著であるため、見逃されてしまうこともありますが、海のニュアンスも多くのアイラモルトが備えています。小さな島で造っているので、ほとんどの蒸留所が海岸近くに立地しているためです。海からの影響については北ハイランドや西ハイランドで触れましたが、注意して香りをとると、それらよりも強く感じると思います。これらを合わせて**「海辺のバーベキュー」**などと表現されることも。

今回は、蒸留所の紹介に入る前に、アイラモルト特有の「ピート香」がどのようにして生まれるかをまずご説明します。これは発酵の前の「**製麦**《せいばく》」という工程で生じる香味成分なので、製麦のこともついでに学んでしまいましょう。

製麦について

原料の大麦に含まれているデンプンはそのままでは発酵できないため、これらを発芽させてモルトにする必要がありました。この工程はどのように進むかというと、まず、大麦を水に浸して発芽を開始させます。しかし、発芽はさせないといけませんが、させ過ぎてもいけません。過剰に芽が成長してしまうと、逆に、麦の中から糖分が減ってしまうのです。

一般には、芽が麦粒の6割くらいになったところで発育をストップさせます。ウイスキー造りの過程では、モルトを乾燥させることでこれを止めるのですが、この時にピートや無煙炭、熱風などが用いられます。実はアイラモルトのあのスモーキーなフレーヴァーはこの時に**ピート**を焚き込むことで生まれているんです。

ピートの話をしたいがために、この説明では、大麦を水に浸してから乾燥の段階までをさらっと流してしまいましたが、実はここでも大変な作業が行われています。

「植物の発芽には水のほかに酸素と適度な温度が必要」というのは小学校の理科でやりましたね。温度は調節すれば良いとして、ただただ大麦を水に浸しても酸素がないので発芽しません。

また、このように密集してしまっていると仮に酸素があっても発芽のスピードがまばらになってしまいます。

そこで、伝統的には、この水分を含んだ大麦をコンクリートの床一面に広げます。そうすることで発芽しようとしている大麦に均等に酸素を供給することができます。しかし、一面に並べるとはいっても、重なった部分の上と下、麦粒の向きなどによって酸素への触れ方が異なってしまうので、これでも発芽スピードに差が生じてしまいます。

そのため、さらにその大麦を木製のシャベルのような機材で撹拌《かくはん》していきます。この作業を一週間ほど行うと、先述のように麦芽が麦粒の6割ほどまで成長するので、そこで発育をストップさせます。これらの伝統的な製麦方法を**フロアモルティング**と呼びます（「モルティング」は日本語で「製麦」を意味します）。

一般的にはフロアモルティングのものは、手間がかかるため、生産性が低いです。ただし、工程をイチから現場で行う分、土地ならではの味わいが表現できるとされています。

さて、ここまで「伝統的な」というのを強調していた、ということは「近代的な」製麦もあるということです。このフロアモルティングは大変な重労働であるため、現在ではごく一部の蒸留所でしか行われていません。つまり、ほとんどはこれからご紹介する「近代的な」方法で製麦を行っています。簡単に言うと機械化なんですが、これには大規模な機械が必要で、それぞれの蒸留所にその設備があるわけではありません。

では、どうするのかというとそれを専門に行っている業者（モルトスターと呼ばれています）に依頼します。外注です。つまり、多くの蒸留所では製麦の過程を行っておらず、乾燥の工程まで済んだモルトが蒸留所に届き、それ以降を蒸留所内で行うというスタイルになっています。
しかし、近代技術はやはり優れていて、各蒸留所の細かな依頼に対応して、求めていた通りのモルトが出来上がるのだそうです。

フェノール値について

今後アイラの愛好家になる方もいると思うので、もう1つだけピートに関してご説明しておくと、ピートの香りは**フェノール値**というもので数値化することができます。フェノール値はフェノール性化合物というピートの風味を感じさせる化合物の含有量を表すもので、単位はppmというものが用いられます。

この数値が大きいほどピートの香気成分が多く含まれ、一般的に「スモーキーなウイスキー」と言われるのはフェノール値が20を超えたくらいから。10以下のものは、ほのかに煙たさがある程度で、**ライトピート**などと呼ばれることもあります。反対に、50〜55くらいのだいぶ煙たい程度になると**ヘヴィリーピーテッド**と呼ばれます。

誤解されやすいのですが、実はこのフェノール値というのは、モルトの段階でのフェノール性化合物の量を示すものであって、ボトルに詰められたウイスキーについての表示ではありません。そのため、多くの場合は「フェノール値が高い」＝「ピート香が強い」という図式が成り立つのですが、例外が生じてしまうことがあります。

また、フェノール性化合物以外の香り成分次第でピート香の感じ方も変わってくる、などの理由でも例外が生じます。なので、基本的にはこの数字を信用して良いのですが、当てはまらないものがあることは知っておいてください。

アイラのお品書き

さて、ピート香の由来が分かったところで、それぞれの蒸留所の造りを見ていきます。そうそうたる蒸留所が名を連ねますが、スペイサイドやハイランドのように蒸留所がたくさんあるわけではなく、少数精鋭です。全部で8つしかないので、ここでは全ての蒸留所をご紹介しようと思います。

他の地区同様、アイラも更に細かく地区を分類できます。北部、南部、中部の3つに分けて考えていきましょう。

〈アイラの蒸留所〉

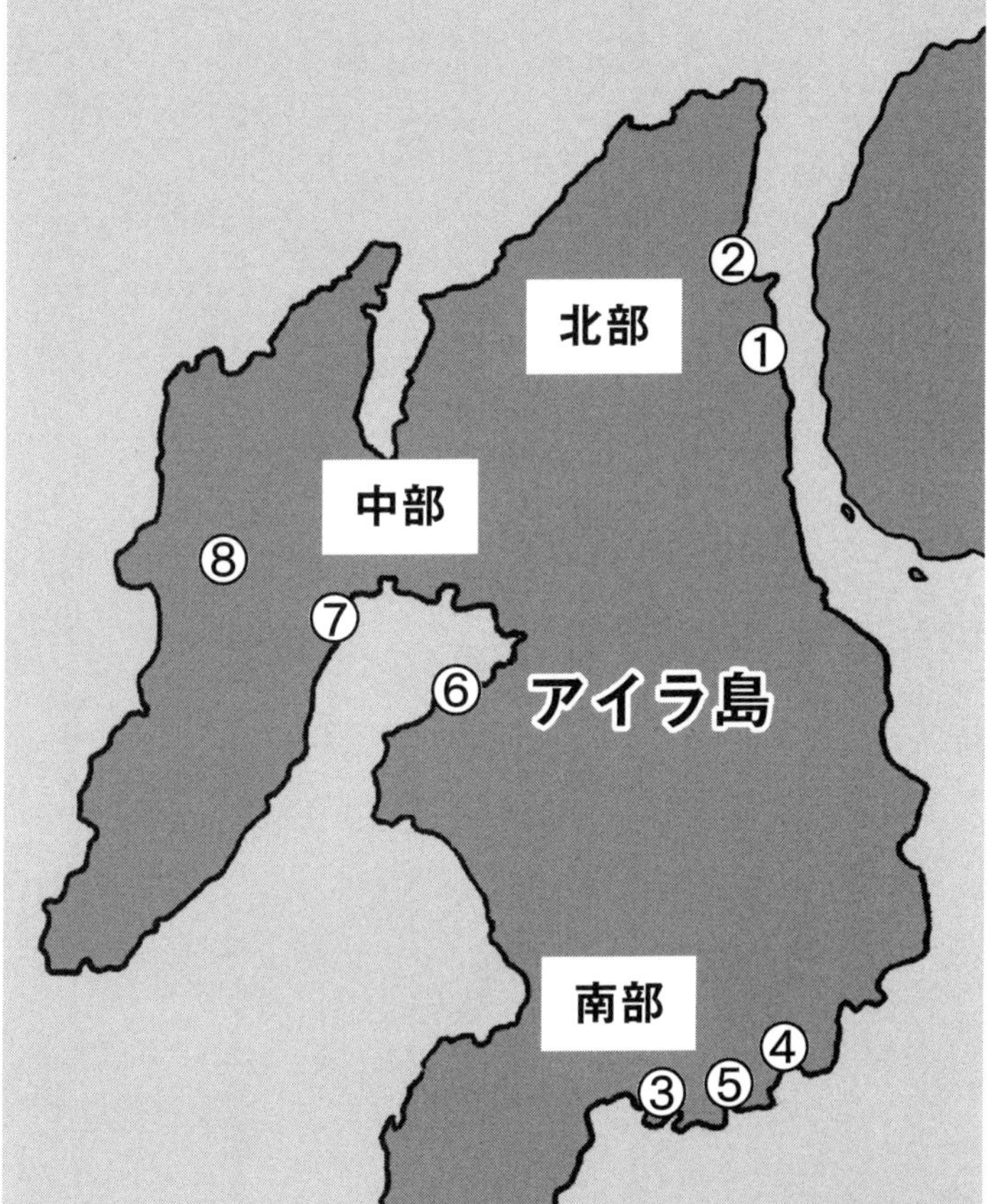

①カリラ／②ブナハーブン／③ラフロイグ／④アードベッグ／⑤ラガヴーリン／⑥ボウモア／⑦ブルイックラディ／⑧キルホーマン

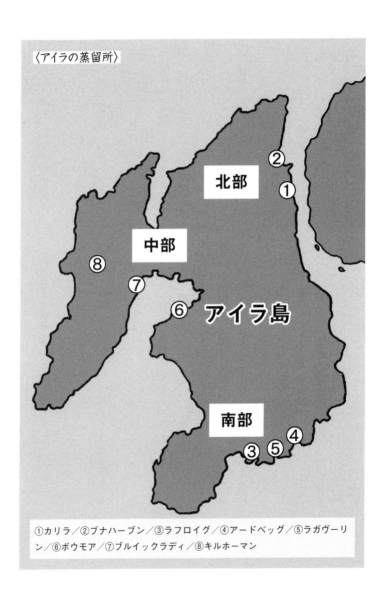

Ⅰ・北部

【カリラ《Caolila》①】と**【ブナハーブン《Bunnahabhain》②】**が北部にあります。

【ラフロイグ《Laphroaig》③】、**【アードベッグ《Ardbeg》④】**、**【ラガヴーリン《Lagavulin》⑤】**の3つがこちら側に密集しています。

Ⅱ・南部

Ⅲ・中部

中部では有名な**【ボウモア《Bowmore》⑥】**があり、インダール湾を挟んだ向かいに**【ブルイックラディ《Bruichladdich》⑦】**、更に西側へ進むと**【キルホーマン《Kilchoman》⑧】**があります。

さて、アイラモルトでは一般に「**北は軽く、南は重い**」と言われていますが、これには1つ注釈があります。「ピートを効かせた」という言葉が必要です。つまり、ピートを使用していないアイラモルトではこの関係は成立しません。

実は、ピート香が特徴的なアイラにあっても、ピートを使用せずにウイスキー造りを行っている蒸留所が2か所だけあります。それはⅠ・北部の**【ブナハーブン】**とⅢ・中部の**【ブルイックラディ】**。これら以外のところからもノンピートのものが限定品としてリリースされることがまれにありますが、基本的にこの2つと考えてよいでしょう。そして、この**ノンピートのものはアイラ島においては少数派**です。

ですからまずは、多数派のピーティでスモーキーなものから見ていきましょう。先ほどの分類を「ピートを効かせたもの」バージョンに改訂してみましょう。

Ⅰ・北部
【カリラ】

Ⅱ・南部
【ラフロイグ】、【アードベッグ】、【ラガヴーリン】

Ⅲ・中部
【ボウモア】、【キルホーマン】

これらは基本的に先ほどの「北は軽く、南は重い」が成り立ちます。そしてここでも中部は間をとったようなミディアムボディ。南に向かうほど重くなる。よく見る構図ですね。まずはこのイメージを持ってくださいね。

熟成方法の関係もあるので、初めにⅠ・北部の軽量級、Ⅱ・南部の重量級をはじめに理解してから中間のⅢ・中部に進むような順番にしましょう。

まずは、Ⅰ・北部とⅡ・南部を比較します。アイテムはそれぞれ「**カリラ12年**」と「**ラフロイ**

グ10年」をチョイスしました。これらを比較するのには理由があって、どちらもバーボンカスク100%。更にフェノール値に大きな違いがないこともありがたいですね。

実は【ラガヴーリン】の方がフェノール値は【カリラ】と近かったりするんですが、さすがに熟成年数に差があり過ぎます（【ラガヴーリン】は「16年」がスタンダード）。また、【アードベッグ】はフェノール値がだいぶ高い（50～55 ppm）ということで、ここでは【ラフロイグ】が最適かと思います。

一通りピーテッドのものを飲んでみて、少数派のノンピートに進むという順に見ていきましょう。

I・北部

まずは北部からですが、ピーテッドがハウススタイルになっているのは【カリラ】だけです。ぜひ南部の【ラフロイグ】と並べて飲んでみてください。

【カリラ《Caolila》】

スタンダードなのは「カリラ12年」です。カリラのフェノール値は35 ppmくらい。これはアイラモルトの中で標準程度の値です。

香りはやはり、スモーキーで、ピート感が目立ちますが、その中にもしっかりと黄リンゴや、レモンなどのフルーティさがあり、バランスが取れています。変色しないようにリンゴを塩水に漬けたりしますが、そういうリンゴが最もイメージに近いです。というのも、塩っぽい海のニュアンスがあるから。リコリスなどのスパイスも感じます。**アイラは初めてなのでピート香に釣られてわかりづらいかもしれないですが、フルーツ感を比較的強く感じます。**ぜひ「ラフロイグ10年」と比べてみてください。ボディもこちらの方が軽やかですね。

アイラモルトは、ぜひこの「カリラ12年」から始めてください。軽やかながら、アイラの特徴をしっかり備えている秀逸な1本です。

Ⅱ・南部

さてⅡ・南部に移り、まずは【ラフロイグ】の「ラフロイグ10年」を比べてみましょう。

その後、【アードベッグ】と【ラガヴーリン】に進みます。

【ラフロイグ《Laphroaig》】

「ラフロイグ10年」は先ほどの「カリラ12年」と比較するとピート香は同じくらいか、やや高めといったあたりでしょうか。自社生産の40 ppm程度のモルトとモルトスターからの35 ppm程度のモルトを8：2でブレンドし、40弱ppmほどのフェノール値に調整されています。

香りを「カリラ12年」と比較してみてください。フルーティさは減り、ピート香、煙たさ、薬品香がさらに強く出ていると思います。少しほうじ茶のようなニュアンスもあります。

個人的な意見ですが、**ラフロイグは「黒」っぽい特徴を有している**と思っています。この辺りは人によってわかりやすい、わかりづらいがあるのですが、これまで「理解しやすい」という声が多かったのは、ものが燃えた後の「すす」やブラックオリーヴなど。

中には私が「黒」を提示する前に「黒い」とそのままの感想をくれた人もいます。各々感じるものが違うのかもしれませんが、それぞれの「黒」を見つけてくれたら、と思います。何度か飲むと、皆さん何かしらの表現でわかってくださるのでこの「黒」さはラフロイグのティピシテと言っていいように感じています。「**10年**」以外のボトルでもこの特徴は感じ取れると思います。

他のラインナップもご紹介しておきたいと思います。お勧めは「**ラフロイグ・クォーターカスク**《QUARTER CASK》」。これはノンエイジのボトルで、バーボンカスクで熟成させたものを「クォーターカスク」と呼ばれる小さい樽に移し替えて追熟したものです。

一般的に小さい樽で熟成されたウイスキーは、接触面積が大きいため、樽の成分を早く取り込みます。ただし熟成感は時間とともに生じるものであるため、最初から最後まで小さい樽で熟成を行うと「樽のニュアンスはあるのに口当たりがとげとげしいまま」ということになりかねません。そこでこのラフロイグ蒸留所では追加熟成にのみ、このクォーターカスクを用いています。樽の大きさの話は補足しておきたいので、この章の最後で詳しくお話ししようと思います。

【アードベッグ《Ardbeg》】

さて、同じ南部から【アードベッグ】です。フェノール値が一気に55 ppm程度まで上がります。特徴は「**ピート香が非常に強いながらもバランスがとれていること**」。蒸留所の方もおっしゃっていましたので自他ともに認めるキャッチコピーと言えるのではないでしょうか。

熱狂的なアードベッグファンのことを「アードベギャン」などと呼ぶことがありますが、ファンにこのような愛称がつくあたり、アイラモルトの中毒性がうかがい知れますね。

定番商品の「アードベッグ10年」はバーボンカスク100%でファースト、セカンドフィルのものが使われている、世界中のアードベギャンがこよなく愛するお酒です。

ちなみに、アードベッグもポットスティルにピュアリファイアーを使用している蒸留所の1つ。重くなり過ぎることを避け、軽やかさを演出する「【エドラダワー】（109ページ）的」な使い方です。このことも先述のバランスの良さに寄与している一因かと思います。

それでは早速、飲んでみましょう。色は「ラフロイグ10年」と比べると薄め。同じ「10年」同士、熟成年数は同じくらいのはずなので、この辺りはファーストフィル、セカンドフィルなどの違いが影響していると考えられます。香りは……強烈ですね。これまでの2つと比べても煙たく感じます。海を感じる香りももちろんあります。

ただし、スモーキーフレーヴァーの中にもパイナップルのようなフレッシュな果物のニュアンスがあり、優しい一面も。ガツンとし過ぎないのが良いですね。ボディもラフロイグより幾分か軽やかです。この、**煙たくて男性的ではあるものの、「強過ぎない」バランスの良さ**がアードベッグの特徴の1つです。

その他に【アードベッグ】では、「ウーガダール《UIGEADAIL》」、「コリーヴレッカン《CORRY VRECKAN》」、「アンオー《AN OA》」の3種類が定番のラインナップにあり、熟成が異なります。持ち前のスモーキーさとシェリーカスクの甘みが絶妙に調和した「ウーガダール」、新樽由来のスパイシーさを前面に押し出した「コリーヴレッカン」、それぞれの要素が調和した「アンオー」とそれぞれしっかりと個性を持っています。飲み比べも楽しいので、ぜひこれらが飲めるバーを探してみてください。

【ラガヴーリン】
Lagavulin

こちらも南部から。【ラガヴーリン】です。「とげとげしさを取り除くのには長い時間が必要」という理由で、かなり長い期間熟成された「ラガヴーリン16年」がスタンダードボトルとなっています。これまで、定番商品はこれだけでしたが、最近になって「ラガヴーリン8年」が新しいラインナップに加わりました。実はこれ、2016年に蒸留所創立200周年を記念してリリースされた限定商品でしたが、好評だったのか定番商品となりました。

しかし、【ラガヴーリン】はやはり重厚で熟成感のあるものを味わってほしい。ということで選ぶのは「16年」にしましょう。フェノール値は35 ppm 程度。【カリラ】（141ページ）くらいですね。

まず、見た目からこれまでと違い、褐色に近く、色合いも濃いです。これまでのものはイエローに近く、淡い色合いでした。樽からの色素が多く抽出されていると考えられます。実は、この「16年」は使用している樽についてインターネットで調べても、サイトによって情報がまちまちだったりします。「バーボンカスクとシェリーカスクを使用……」と書かれていることが多いですが、「バーボンカスク100％」とされていることも。

公式サイトにも明確な記載はないですが、文献などから後者が有力であると考えます。実際に香りをとってみても、シェリーカスクを感じるエッセンスはほとんどなく、ピーテッドモルトやココアパウダー、リコリスなどのスパイスといった香りが優位です。ドライフルーツのような香りは見つかりません。

個人的な感想ですが、**【ラガヴーリン】**のイメージは「荘厳」。「8年」を飲んでいただくとわかるのですが、若いうちはとげとげしさもあり、やんちゃな感じもするのですが、「16年」には、熟成によって酸いも甘いも噛み分けたような包容力があります。

Ⅲ・中部

軽量級の北部と重量級の南部を比較できたので、中間的な中部に進みましょう。

これまではバーボンカスクのものばかりでしたが、ここで「アイラ×シェリーカスク」が初登場します。そこも意識してみてくださいね。

【ボウモア《Bowmore》】

中部の【ボウモア】から取り上げるのは「ボウモア12年」です。これまでの【カリラ】、【ラフロイグ】、【アードベッグ】、【ラガヴーリン】ではバーボンカスクで熟成されていたのに対して、シェリーカスクも熟成に用いられています。これはアイラのスタンダードボトルの中では珍しいことです。【ボウモア】らかリリースされているボトルは様々ですが、使用している樽の3割程度はシェリーカスクで、これは非常に高い比率です。「アイラの女王」などと形容されることもある【ボウモア】ですが、シェリーカスクが果たしている役割も大きいかもしれません。

シェリーカスクの影響は色合いにも表れています。熟成年数が長い【ラガヴーリン】は別としても、他の3つと比べると明らかに赤みが強く出ています。香りは、これまでのものと比較するとピートのニュアンスは少ないと思います。それもそのはずでフェノール値は25 ppm程度。【アードベッグ】と比べたら半分くらいです。逆に、塩味についてはこれまでのものより強く表れています。

また、慣れないうちはスモーキーさや塩味に目が（鼻が？）行きがちで、あまり感じ取れないかもしれませんが、**これまでのものと比べるとフルーツの要素も強い**です。レモンやホワイトグレープフルーツのような柑橘系の香りですね。フルーツの中でも軽めのフルーツです。シェリーカスクの影響はドライフルーツなどのように典型的な香りとして表れるというより、少しだけ甘みを与えているような印象です。これまでのものが男性的だったのに対し、華やかで、やや女性的なイメージではないですか？

その他に、**干し草のような香りや、ダシのような、旨味を感じる香りもあります**。これは**【ボウモア】**の個性の1つと言えるでしょう。実際他の蒸留所のもので感じ取れることはあっても、ここまで強く感じることは滅多にありません。

【ボウモア】ではシェリーカスクを用いたものでは旨味が現れやすく、バーボンカスクのものでは干し草のようなグリーントーンが見られる傾向があります。この辺りは個人の好みにもよるのですが、私はシェリーカスクの【ボウモア】は非常に好きなタイプです。干し草を知りたい方はファーストフィルのバーボンカスク100％の「ボウモアNo.1」あたりがお勧めです。

【キルホーマン《Kilchoman》】

さて、中部のもう1つは【キルホーマン】です。2005年に創立された新しい蒸留所ですが、エントリーレンジ（蒸留所の一番定番のボトル）の「マキヤーベイ《MACHIR BAY》」は比較的見かける機会が多いです。「アイラ島の中で唯一海沿いではない立地」と書かれることが多いですし、実際そうなのですが、小さなアイラ島の中での話です。海からもさほど離れていないので、やはり海を感じるニュアンスは備えています。

「マキヤーベイ」はバーボンカスクを主体に3～5年と短めに熟成された原酒から造られています。若いながらに、ニューポット的なエグみはなく、フレッシュなピート香と柑橘系のフルーツ感を楽しむことができます。重厚さはさほどありません。

熟成年数がこれだけ極端に短いこともあり、判断するには悩ましいのですが、酒質としては、やや軽め。といっても【カリラ】ほどではないような印象で、やはり中間的と言えるのではないでしょうか。フェノール値は50 ppm程度。実はこの【キルホーマン】、**使用しているモルトの一部を自社畑で生産**しています。

【キルホーマン】からはその他にもいろいろなボトルがリリースされていて、中には10年近く熟成を経たもの（限定品ですが）もあります。この辺りを飲むと感想は変わってくるのですが、若いものではまだハウススタイルが定まり切っていないような印象も受けます。

熟成が肝心なウイスキーにおいて、十分な熟成を経ていない段階で、他の蒸留所と比較されてしまうのはかなりのハンデ。今後のリリースを楽しみたい方は、若い段階のものを飲んでみて、原酒の特徴を踏まえておくと良いかと思います。生産規模が極端に小さく、ボトラーズからのリリースも期待できないので原酒の個性を知りたい方は今のうちかもしれません。

ノンピートスタイル

さて、一般的なピーテッドのアイラを一通り見てきました。ここからは少数派。ノンピートのモルトを造っている蒸留所をご紹介します。蒸留所は先述した【ブナハーブン】と【ブルイックラディ】の2つです。

【ブナハーブン《Bunnahabhain》】

まずは北部の【ブナハーブン】から「ブナハーブン12年」です。まず色がすごい。非常に濃いアンバーです。公式には「バーボンカスクとシェリーカスクのブレンド」とのことですが、かなりの割合でシェリーカスクを使用していると考えられます。

香りにもシェリーカスク由来と思われる香りが強く出ていて、レーズンやドライクランベリー、ナッツに加えてシェリーそのものの香りすら感じます。少し黒糖のような「和」のニュアンスもあります。また、これだけ樽のニュアンスがありつつ、モルトの香りもしっかりあります。ただし、モルトの中でも香ばしいグラノーラのようなイメージです。テイスティングの用語では「キャラメルモルト」などと表現することもあります。

逆にバーボンカスクのような風味はほとんど感じられません。ノンピートですが少しだけ煙たい感じもしますね。ピート香はなく、スモーキーな部分のみですが、それに加えて、アイラに共通する海のニュアンスもあります。

口に含んでみても、**シェリー爆弾**ですね。シェリーカスクのお化粧もありますが、それを抜きにしても、酒質自体がリッチなフルボディ。これだけ重量感があるためシェリーカスクとの相性はばっちりです。

このようにその他のピートを効かせたアイラとは全く異なる特徴を有しています。アイラを3つの地区に分けたときに「ピートを効かせた」に改訂した理由をわかっていただけたのではないでしょうか。

【ブナハーブン】は北部にありつつ、全く軽やかではなく、非常に重厚なシングルモルトを生産しています。海からの影響に気づくことがなければ、中央ハイランドを連想してしまいそうです。

そんなノンピートのシングルモルトを看板としている**【ブナハーブン】**ですが、実は35 ppm程度のピーテッドモルトからもウイスキーを生産しています。こちらはバーボンカスクを使用したものが多く、比較的ストレートなアイラモルトウイスキーです。

限定のリリースや、免税店限定商品が多いので、あまり目にする機会はないかもしれませんが正直ボトルが紛らわしい……。ボトルをぱっと見ただけではどちらの原酒のものかわからないですし、さらに「エリーナグレーネ《EIRITGH NA GREINE》」や、「クラックモナ《CRUACH-MHòNA》」など、名称がゲール語全開なのでとっても覚えづらいです。店員さんに聞くか、ラベルの説明を読むなどしてお間違えの無いようになさってください。

【ブルイックラディ《Bruichladdich》】

もう1つのノンピートを生産している蒸留所、**【ブルイックラディ】**です。こちらも**【ブナハーブン】**同様、ピーテッドのものも生産しているのですが、別なブランドとしてリリースしているので間違えることはありません。

全部で3つ。まずノンピートのものが〈**ブルイックラディ**〉。蒸留所の名前そのままです。その次がヘヴィリーピーテッドの〈**ポートシャーロット《PORT CHARLOTTE》**〉。この段階で40 ppm 程度とそれなりのフェノール値を誇りますが、ブルイックラディ蒸留所にはさらにピートを効かせたブランドが存在します。それは〈**オクトモア《OCTOMORE》**〉です。フェノール値はロットによって異なりますが、中には**200ppmを超えるものも**。これまでもいろいろなウイスキーに触れてきましたが、衝撃の数値ですね。

特徴的なのが、樽の使い方。バーボンカスクや、シェリーカスクに加えて、フランスやオーストリアなどのワインカスクなども積極的に使用している点です。ワインカスクは辛口から甘口まで、そして赤と白のどちらも使用し、さらには一般的なバーボン、シェリーカスクと併用しているので、味わいを予想するのは非常に困難です。ラインナップによって使用している樽も異なるので、飲む前に調べた方が良いでしょう。

スタンダードなのが「**ブルイックラディ・ザ・クラシックラディ《THE CLASSIC LADDIE》**」。水色の可愛らしいボトルで、フローラル、華やかなブルイックラディのハウススタイルがはっきり表現されています。

レモンやライムなどの酸味が強めの柑橘や、青リンゴなどのお馴染みのフルーツに、穀物系の香りも。ロットによってはグァヴァのようなトロピカルフルーツを感じることもあります。また、樽由来の香りもしっかりありますが、これはバーボンカスク系ですね。正直これを見ただけだと、スペイサイドやハイランドあたりを連想してしまう並びです。

ピーテッドの〈**ポートシャーロット**〉も同様で、40 ppmということもあり、もちろんスモーキーかつピーティではありますが、磯っぽさはやや少ないです。とはいえ〈**ブルイックラディ**〉よりはわかりやすい。最近では、熟成期間が長いものもリリースされてきており、南部の蒸留所の対抗馬として注目しています。こちらも複雑な熟成を行っているものが多いです。

そして、最後が〈**オクトモア**〉。この存在を初めて知ったときの感想は「悪ふざけじゃん」でした。「200ppm ってなんだよ」と。しかし、飲んでみると、表向きは案外とっつきやすいんです。後から煙たさがじっくり迫ってきて、しばらく口の中に居残ってくれます。煙たい中に穀物系の甘みもしっかり残っている点が好印象。

ただし、ロットによって味わいは大きく異なるので一概に言うことはできません。香りだけだと【**アードベッグ**】の方が煙たく感じる方もいるのではないでしょうか。「フェノール値はあくまでモルトの段階の数値」でした。こういった例外も生じてきます。

こういう特徴なので、**「ヴェルヴェットの手袋の中の鉄拳」**なんて表現されていたりします。言い出した方は素敵なセンスだと思いました。

様々な樽のサイズ

さて、予告通り最後に樽の大きさのお話をして締めたいと思います。

ややオーバーワークな感も否めないので、ボトラーズを飲むようになったら目を通していただくくらいでも大丈夫です。

というのも、オフィシャルボトルの多くはここまで情報が公開されていませんが、ボトラーズでは樽のスペックなどもラベルに記載してあることが多いので、知っておくと役立つからです。

樽の大きさにはいくつか種類があり、小さいものから順に**オクタヴ**《octave》、**クォーターカスク**《quarter cask》、**バレル**《barrel》、**ホグスヘッド**《hogshead》、**パンチョン**《puncheon》、**バット**《butt》となっています。正確にはまだまだあるのですが、きりがないのでこのくらいにしましょう。実際これだけでも相当しんどいと思うので、まずはそのうち、スコッチの熟成にメインに利用されている3種類を押さえてください。

その3つはバレル、ホグスヘッド、バットです。オフィシャルボトルでは大体この3種類が利用されていると言っても良いでしょう。これら以外を使用している場合は「**ラフロイグ・クォーターカスク**」などのように記載があることが多いです。

まず、**バレル**ですが、これは一般にアメリカでウイスキーの熟成に使われているサイズです。おおよそ200リットル。樽は手作業で造られるため、容量も多少変動があります。

その次の**ホグスヘッド**ですが、これはスコットランドで最も使用されているサイズです。バレルよりやや大きく250リットルほど。アメリカから輸入したバレルを解体して、この大きさに組み直します。

ここで思い出していただきたいのですが、ウイスキー造りにおいて、スコットランドはアメリカから相当数の樽を輸入していました。その時に樽を元の形のまま運ぶと体積ばかりとって仕方ないですよね。空気を運んでいるようなものです。

そこで、アメリカから樽を輸入するとき、分解され、ばらばらの「板」状態で輸送します。それをもともとの形に戻したものがバレル、側面の板を増やして体積を大きくしたものがホグスヘッドです。大体5つのバレルからホグスヘッドを4つ造ることができます。

続いて、**バット**です。バレルがアメリカ（バーボンウイスキーなど）仕様であったのに対して、こちらはシェリーの熟成に使用されるサイズ。容量は500リットルと大きいサイズです。これと同じくらいの大きさのものに「パイプ」というのがありますが、こちらはポルトガルのポートワインに使われるサイズで、ここでしか使われない、少し変わった呼び方です。形状ももやや異なりますが、おおよそ「バットのポート版」とご理解いただければ大丈夫です。

さて、そのほかのサイズについても触れておきましょう。**オクタヴ**は「オクト（＝8）」に由来していて、バットの1／8でおおよそ60リットル、**クォーターカスク**はそのまま1／4で120リットルくらいのサイズです。**パンチョン**に関しては現在使われることはかなり少ないので、「480リットルくらいの大型のもの」であることを知っていただければ十分かと思います。

ここまで樽のサイズについてお話ししましたが、やはり大切なのはどのように味わいに影響するか、です。**【ラフロイグ】**の項で少しだけ触れましたが、小さい樽では樽の成分が早く溶出していきます。これは中のウイスキーの量に対して、接する樽の面積が大きくなることが理由です。わかりづらいので、オクタヴとバットを例に挙げて考えてみましょう。面積なり体積なりの話で、算数っぽくなってしまいますが……。

バットはオクタヴの8（2×2×2）倍の容量がありましたが、樽の表面積は4（2×2）倍程度です。つまり、バットでは量が8倍になったのに、そのウイスキーを4倍の面積で賄わなくてはなりません。ウイスキーの量に対して、接する樽の面積が小さいのです。接する面積が小さくなったら樽からの影響も小さくなるのは理解しやすいと思います。

逆に、小さい樽では「量に対して、接する面積が大きい」ということになります。「面積に対して、量が少ない」ということもできますね。

さて、ここでもう1つ、熟成でウイスキーがまろやかになっていくというお話を思い出してみてください。アルコールの周りを水の分子が囲んで……という内容を覚えていますか？　細かい話なのでそこまで気にしなくていいのですが、要は「ウイスキーがまろやかになるのには時間が必要」ということでした。

小さい樽を使うと、樽の成分が早く抽出される分、熟成期間が短くなってしまいますし、逆に同じ期間熟成させると樽の成分が強くなり過ぎてしまう。このような状態を「**樽に負ける**」と表現します。このような理由からクォーターカスクはフィニッシュ的に使われることが多いです。

樽の種類

樽のサイズのお話をしたついでに、ウイスキーの熟成に使用される木材をまとめてしまおうと思います。実際には、「もともと何が入っていたか」の方が影響が大きいですし、材質については公開されていないことも多いので、そこまで扱いやすい情報とは言えません。また樽への火の入れ方などにより全く異なる風味になります。

取り上げるか悩ましいところではありますが、ここでは曖昧さ回避のために、用語などをご案内します。

まず、英語の「**オーク**《oak》」は日本語で「コナラ」。ブナ科に分類されるコナラ属の総称です。ウイスキーの熟成に使用される樽のほとんどが、このオークから造られます。ここでは「ほとんど」と言いましたが、既刊の書籍では、「全て」となっていることもあります。

実は、つい最近、「杉樽熟成」というトリッキーなウイスキーがリリースされてしまったので、「全て」ではなくなってしまったんです。どちらが間違っている、というのではなく時代の流れで変わった、とお考えください。まあ、ここではそんな変わり種は置いておいて、スタンダードなオークについてご説明します。

まず、オークは数百という種類があるそうなのですが、実際にウイスキー造りに使われているのはほんのわずかです。一般に樽の材料とされるオークは、**ホワイトオーク**《white oak》と**ヨーロピアンオーク**《European oak》に大別できます。そのうち、ヨーロピアンオークの中に、**コモンオーク**《common oak》と**セシルオーク**《sessil oak》という2つの種類があるので、都合3種類がメインに使われているものになります。

ここで1つ、おかしなことになりました。アメリカンオーク《american oak》が入っていません。実は、アメリカンオークというのはホワイトオークの別名なんです。オークについて理解しようとすると、厄介なのがこの「別名」。あまりに呼び方のレパートリーがあり、全てを載せようとすると混乱させてしまうだけなので、ここでは覚えておくと役立つ名称のみ取り扱います。

Ⅰ・ホワイトオーク／アメリカンオーク

北アメリカのみに分布し、バーボン、シェリーカスクのどちらにも使われます。一般には、ウイスキーにヴァニラやココナッツのような風味を与えるとされていますが、バーボンカスクの特徴と同じような内容です。バーボンカスク＝ホワイトオークのように誤解されていることがとても多いので混同して使われているような印象もあります。

Ⅱ・コモンオーク（ヨーロピアンオークの一種）

スペイン産のものを特に「スパニッシュオーク《spanish oak》」、フランス産のものを特に「フレンチオーク《french oak》」などと言いますが、このフレンチオークは主にブランデーなどに使用されます。先述の通り、スパニッシュオークは主にシェリーカスクに用いられ、アメリカンオークのものよりも濃厚な風味を生み出すと言われています。

Ⅲ・セシルオーク（ヨーロピアンオークの一種）

セシルオークのほとんどはワインの熟成用に用いられ、その後ワインオークとして、ウイスキーの熟成にも用いられます。やはり先の2つと比較すると出番は少なめ。セシルオークそのものの特徴がというよりも、どのタイプのワインが詰められていたのか、ということが重要になります。

ちなみに、こちらもフランス産は「フレンチオーク」と呼ばれているため、フレンチオークと言っても、コモンオークのものとセシルオークのもの、2種類が存在することになります。紛らわしいですね。

主にこれらの3種類がウイスキーの熟成に用いられていますが、もう1つ、近年注目されているのが**ミズナラオーク**《mizunara oak》です。

これは、**ジャパニーズオーク**《japanese oak》とも呼ばれ、白檀《びゃくだん》やお香のようなオリエンタルな香りを持つことが特徴です。これまでも日本ではウイスキー造りに用いられてきましたが、この個性的な風味が注目され、現在はスコッチウイスキーの熟成にも用いられるようになってきました。

ただし、このミズナラオークを用いたものは限定品が多く、入手が大変困難なものがほとんど。最も気軽にこの風味を体験できるのは「シーバスリーガル・スペシャルミズナラエディション《SPECIAL MIZUNARA EDITION》」。お手ごろな値段でミズナラの香味を味わえるとあって人気のある商品です。通常の「12年」と並べて違いを体感してみてください。執筆中に「18年」のリリースもアナウンスされました。

アイラを知るための5本

今回も5本をピックアップしました。まず北部、南部、中部のピーテッドを比較して、そこからさらにフェノール値の高いものを試し、最後にノンピートのものでクールダウンするメニューでいかがでしょうか。「ピートの効いたものの後にノンピートを飲んでもわからない！」という方は5の「ブナハーブン12年」を先頭に持ってきてください。

いつものように「これがなかったら……」も掲載しようと思ったのですが、ここでご紹介するのはかなり有名なものなので、ないことはないと思います（「ブナハーブン12年」は少し怪しいですが……）。私自身も、書きながら、「ないことある？」ってなりました。そのため今回は「なかったら……」はお休みです。

アイラでは8つの蒸留所をご紹介しましたが、ここに載せていないものも多くのバーに置いてあります。【ラガヴーリン】の荘厳さ、【キルホーマン】のフレッシュさ、【ブルイックラディ】のレパートリーの広さと、いずれの蒸留所もしっかりとキャラクターを持っています。

アイラを気に入った方は、ぜひアイラの蒸留所を制覇してみてください。その場合もやはりエントリーレンジからがおすすめです。余談ですが、バーのオーナーさんがどこかの蒸留所のファンだったりすると、その蒸留所のボトルが何種類もメニューにオンリストされていたりします。体感的にはアイラで多いイメージ。やはり中毒性が高いのかもしれません。

1　カリラ12年　北部の軽やかな酒質

まずは、ライト〜ミディアム程度のアイラモルトから始めましょう。ぜひ２の「ラフロイグ10年」と並べて、酒質の違いを比較してみてください。

2　ラフロイグ10年　南部の重厚感

「カリラ12年」同様、こちらもバーボンカスクです。南部の重厚感に加え、蒸留所のティピシテもわかりやすいと思います。皆さんも「黒」のニュアンス、探してみてくださいね。「クォーターカスク」も良いかと思います。

3　ボウモア12年　中間的な味わいの中部

これまでと違い、シェリーカスクが加わり、ピート香は控えめになりました。造りの違いもありますが、やはり、中間的な酒質に注目してみてください。

4　アードベッグ10年　高いフェノール値

ピートのニュアンスがさらに強く出た１本です。強烈なピーティさ、スモーキーさがありますが、バランスの取れた味わいです。これにはまったら一緒にアードベギャンになりましょう。

5　ブナハーブン12年　ノンピートのアイラ

重厚な酒質とヘヴィなシェリー感でアイラの中では異彩を放っています。ノンピートの２蒸留所はそれぞれ個性がかなり異なりますが、ピートだけがアイラではありません。このような一面も体験していただけたら、と思います。方向性は異なりますが【ブルイックラディ】がお好きな方をどうぞ。

ローランド／キャンベルタウン モルトウイスキーを飲む

ローランド／キャンベルタウンのお品書き

ローランド、キャンベルタウンには現在稼働していて、かつボトルが手に入る蒸留所が、それぞれ3か所ずつしかありません。他の地区と比較するとかなり少ないので、ここでは2つの地区をまとめて見てしまいましょう。地図上でもお隣のような立地ですね。

ローランドは【グレンゴイン】のところ（111ページ）でもご紹介しましたが、地図上で見るとハイランドのすぐ南に位置しています。ダンディーとグリーノックという町を結んだ線でハイランド、ローランドを分けています。

地図上で見るとハイランドが上（北側）、ローランドが下（南側）に位置しているためそのような名前になったと思われがちですが、ハイランドは山岳地帯が多く、ローランドは平坦な丘陵地帯が多いことからこのような名前になったと言われています。

話を蒸留所に戻しますが、3か所ずつしかないので、これまでのようにさらに分けることはしません。分類することもないので、早速始めましょう。

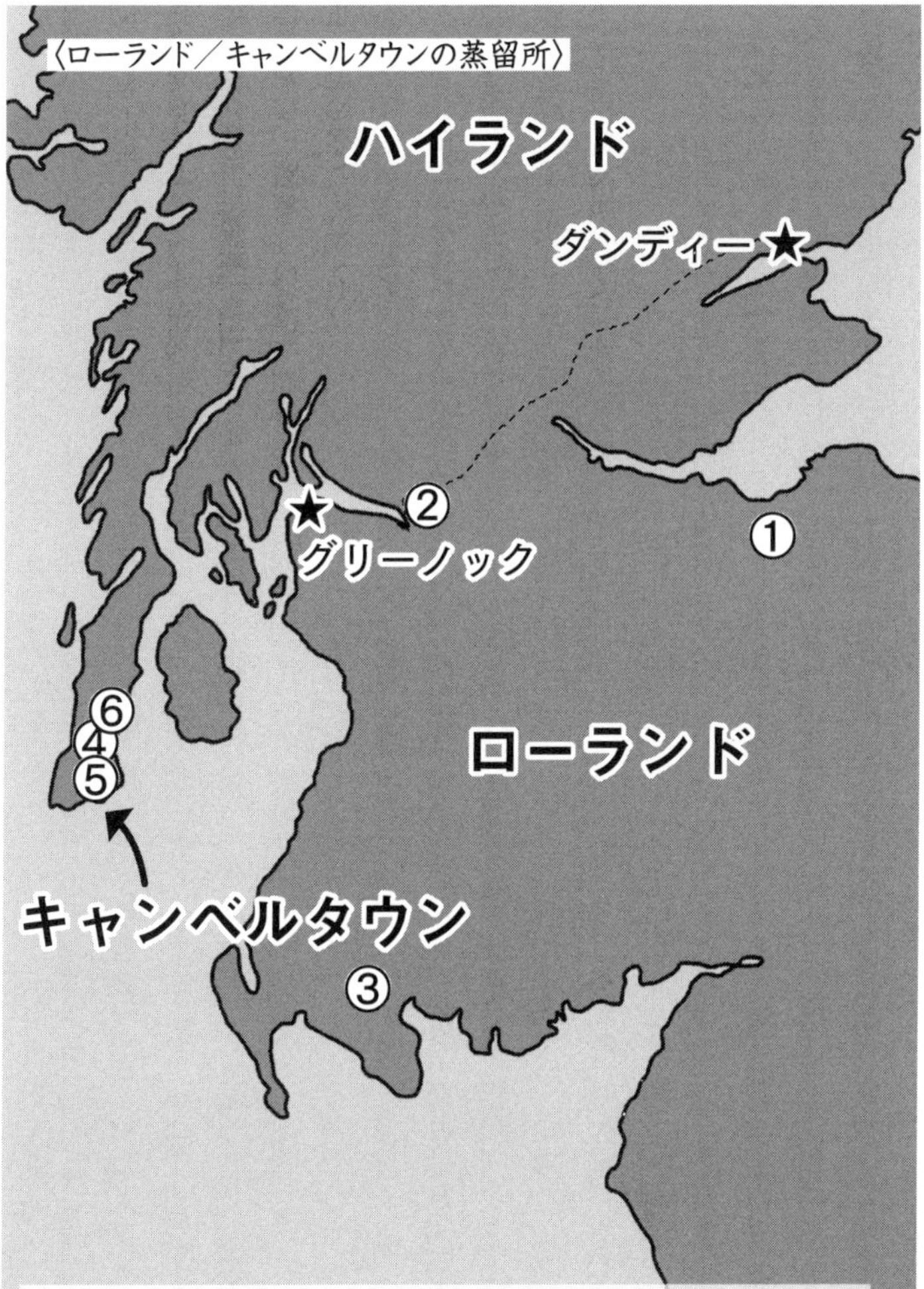

〈ローランド／キャンベルタウンの蒸留所〉

①グレンキンチー／②オーヘントッシャン／③ブラドノック／④スプリングバンク／⑤グレンガイル／⑥グレンスコシア

ローランドモルトウイスキー

今回ご紹介するローランドの蒸留所、それは【グレンキンチー《Glenkinchie》①】、【オーヘントッシャン《Auchentoshan》②】、【ブラドノック《Bladnoch》③】の3つです。まずはビッグネームの【グレンキンチー】、【オーヘントッシャン】の2つを見ていきましょう。

【グレンキンチー《Glenkinchie》】

まずはグレンキンチーから「グレンキンチー12年」です。香りは白～黄色のお花のようなフローラルな第一印象です。フルーツでは、今回は柑橘系の軽めの果物ですが、そこまで強くなく、むしろモルトの香りが強いですね。

樽からの香気としては、ハチミツやカスタードをほのかに感じますね。その他にはハーブのような爽やかな香りと、スレートのような鉱物的なニュアンスがあります。香りの総量自体がやや大人しいと感じるかもしれません。

ローランドのシングルモルトでは、このようにおしとやかで、自己主張が控えめなものが多いです。よく言うと「おしとやか」、悪く言うと「地味」。こういう感性、日本人にはもっと刺さってもいいような気がするんですが……。なかなか流行らないですね。個人的にはこれからちょっとしたブームが来ると思っています。まだ気づかれていないだけで。

この穏やかで控えめなイメージを持ったまま、次の【オーヘントッシャン】に移りましょう。

【オーヘントッシャン《Auchentoshan》】

続いて、【オーヘントッシャン】です。ご説明をする前に1つ確認です。ずいぶん前になりますが、1章でお話しした「3回蒸留」(22ページ)を覚えていますか?今回でようやく伏線を回収することができそうです。あれ以来、ほとんど話題にも上がらなかった3回蒸留ですが、この項目では大切なトピックです。覚えていない方はもう1度目を通していただけると良いかと思います。

このようにお伝えしたので、もちろん【オーヘントッシャン】は3回蒸留を行っている、ということなのですが、これはスコットランドの中でもかなり珍しいことです。中でも全てのニューポットを3回蒸留から得ているのはここだけ(一部のみ3回蒸留を行っているところは他にもありますが)で、【オーヘントッシャン】を理解するためのキーワードです。

復習になりますが、3回蒸留から得られるモルトはアルコール度数が高くなり、ライトでクリーンな酒質になりました。また、アルコール度数が高いニューポットは熟成が早く進むという特徴もありましたね。

「おしとやか」なローランドでさらにライトでクリーン。どうなるのでしょうか。「オーヘントッシャン12年」は「スコットランドの地域を知るための5本」(78ページ)で取り上げたので、ここでは**「アメリカンオーク《AMERICAN OAK》」**を飲んでみましょう。

シェリーカスクも使用していた**「12年」**に対して、こちらは名前の通り、バーボンカスク。「アメリカンオークのシェリーカスクもあるんじゃなかった？」と思われた方、素晴らしい記憶力です。すでにお話ししたように、シェリーカスクの多くもアメリカンオークで造られていますが、**「熟成：アメリカンオーク」などと書かれていたら大体はバーボンカスクのこと**と考えてください。実際、こちらはファーストフィルのバーボンカスクのみで熟成されています。

ノンエイジなので、正確な年数はわかりかねますが、8~10年程度だと思います。レモンのお菓子のような甘いイメージ、マカロンやメレンゲなんかが近いです。バーボンカスクはヴァニラやクレームブリュレとして味わいに表れていて、その他に青草のような爽やかさもあります。木香やスパイスも樽由来でしょう。

こうやって要素を並べてみると、若いウイスキーのはずなのに、複雑味があって、いろいろな楽しみ方ができるボトルだと思います。

【ブラドノック《Bladnoch》】

最後になりました。今回は早いですね。【ブラドノック】です。【ブラドノック】は操業と停止を繰り返し、ここしばらくは停止していたのですが、オーナーが変わり、操業２００周年の２０１７年に再開して話題となりました。

２００周年を記念してこれまでのストック（２０１０年ごろまでは蒸留を行っていました）から何種類かの限定ボトルがリリースされていますが、これらは前の体制下で造られたものであって、これからは別のオーナーが造ったウイスキーが世に出されていくということになります。

そのため、このタイミングで味わいの特徴を述べることは早計かと思います。また、流通量も少なくバーで見かける機会も少ないので、ここではこれからの【ブラドノック】への期待も込めて、特に言及しないことにします。バーで見かけることは少ないですが、購入はできるので、興味のある方は探してみてください。

その他の蒸留所　【ダフトミル《Daftmill》】【アイルサベイ《Ailsa Bay》】

冒頭で「3つしかない」とお話ししたローランドですが、実はもう2つほど蒸留所があります。【ダフトミル】と【アイルサベイ】、どちらも21世紀に入ってから創立した新興蒸留所で、見かける機会もほぼないので割愛するか迷ったのですが、ちらっとだけご紹介します。

【ダフトミル】は２００５年創業の新しい蒸留所です。生産量が極端に少なく、これまでリリースされたのも2回ほど。そしてとても高価です。恥ずかしながら、私も実物を見たことがありませんが、これから注目されうる蒸留所としてご紹介しておきます。

【アイルサベイ】は２００７年に、グレーンウイスキーを造っている【ガーヴァン《Girvan》】蒸留所の敷地内にオープンしました。フェノール値が21 ppmと、本土にしては高い値で、熟成年数は短いのですが、とげとげしさはさほどありません。酒質が軽く、熟成が早く進んでいるのでしょう。今後が非常に楽しみな蒸留所です。

ちなみにボトラーズボトルでも「アイルサベイ」を名乗るものはありませんが、「**ティースプーンモルト**」としてリリースされている、という「噂」があります。

ティースプーンモルトとは瓶詰めする際に、ティースプーン1杯分の他のモルトウイスキーがブレンドされたもののことで、正確にはシングルモルトではないですが、99・9……%が1つの蒸留所のモルトウイスキーで構成されています。そして、この場合、ボトルにも蒸留所の名前を記載することなく、違った名称のウイスキーとしてリリースされます。

「噂」と曖昧な表現を用いましたが、公式に蒸留所名が公開されることがないので、「おそらくアイルサベイだろうけど……」というような推測しかできないわけです。しかしながらインポーターさんの資料などにヒントが載っていて、中には「ここしかないじゃん」というような情報が載っていることも。

公式な情報が公開されていない以上、**【アイルサベイ】**と「思われる」ティースプーンモルトの名称をここに記載して良いのかもよくわかりません……。余談ですが、医学用語で「ダルリンプル徴候」というのがあります。察してください。

ティースプーンモルトについて少し補足です。「ティースプーンモルトにおいて、蒸留所の名前が非公開とされ、別な名前が付けられる」とお話ししました。実は、ボトラーズボトルでは、シングルモルトでもこのようになることがまれにあります。中には全てのシングルモルトで蒸留所名を明かしておらず、ヒントのみ記載するようなボトラーズ会社もあるくらいです。

これらには、蒸留所とボトラーズ会社の契約が理由であると言われていて、実際に蒸留所が非公開のものや、ティースプーンモルトとしてリリースされているのはいくつかの特定の蒸留所のものです。

ちなみに、名称については、蒸留所の近くの地名や、史実、また蒸留所に関する人物の名前などが用いられることが多いです。聞いたことのない名前のボトルがあったら調べてみてください。案外、調べたらわかることが多いです。

キャンベルタウンモルトウイスキー

キャンベルタウンに移りましょう。

現在稼働中の蒸留所は**【スプリングバンク《Springbank》④】**、**【グレンガイル《Glengyle》⑤】**、**【グレンスコシア《Glen Scotia》⑥】**の3つで、初めの2か所は同じオーナーが所有する姉妹蒸留所です。

1つ注意していただきたいのが、**【スプリングバンク】**ではスプリングバンク以外のブランドも造っていること。「ロングロウ」や「ヘーゼルバーン」という名前のボトルがありますが、これらは蒸留所の名前ではなく、あくまでブランド名です。紛らわしいですが、のちほどしっかり説明するのでご安心ください。

ということで、早速味わいについて。キャンベルタウンモルトの特徴からご説明します。一番の特徴は「**ブリニー**」と表現される塩辛い風味です。ボディは厚く、とろりとしたオイリーな質感を持っています。実際にどのような味わいなのか、蒸留所ごとに見ていきましょう。

【スプリングバンク《Springbank》】

さて、この味わいが最もわかりやすく、そして最もポピュラーな蒸留所はスプリングバンクでしょう。全シングルモルトウイスキーの中で「**最もブリニー**」と言われています。潮っぽいというか、海っぽいというか……。このテイストを「ブリニー」という言葉で表し、キャンベルタウ

〈スプリングバンクのブランド〉

ブランド	蒸留の回数	フェノール値
スプリングバンク	2．5回	8ppm
ロングロウ	2回	50ppm
ヘーゼルバーン	3回	0ppm

ンを表す代名詞的なフレーズとなっています。

【スプリングバンク】はスコットランドの蒸留所の中では非常に珍しく、製麦から瓶詰めまでの全ての工程を自社で行っている蒸留所です。つまり、フロアモルティング100%。フェノール値の異なるモルトを全て蒸留所内で造っているんですね。

まずは、3つのブランドのご説明をしていきましょう。3つのブランド名は**〈スプリングバンク〉**の他、**〈ロングロウ《Longrow》〉**と**〈ヘーゼルバーン《HAZELBURN》〉**。アイラの**【ブルイックラディ】**（152ページ）でも似たようなお話がありましたね。

こちらの**【スプリングバンク】**も、よく「ピートの強さの違いで3ブランド……」などと説明されますが、**実際はフェノール値の違いのほかに、3つ全てで蒸留回数も異なります**。2回蒸留、3回蒸留と、もう1つは2・5回蒸留です。2回蒸留のものと3回蒸留のものをブレンドしているため、このような表現がなされます。

さて、各ブランドとフェノール値、蒸留回数を対応させていきましょう。これに関しては、言葉で説明するより、表で見ていただいた方が分かりやすいので、まずは上の表をご覧ください。

リリースされた順に進めて行きましょう。1番初めはもちろん**〈スプリン**

グバンク〉。フェノール値は8ppmで、実はこれが2・5回蒸留です。アイラの後の8ppmという数字は小さいように感じますが、スモーキーな風味を感じるには十分。「**スプリングバンク10年**」は有名ですし、飲む機会は必ずあると思うので、じっくりご説明します。これをベースに、〈**ロングロウ**〉や〈**ヘーゼルバーン**〉を比較していくのが順当な進め方でしょう。

〈**スプリングバンク**〉の香りは先にご紹介した「ブリニー」なのですが、他にもフルーツ感が豊富で、オレンジ、黄桃、洋ナシのように軽い果物から、重い果物まで幅広いフルーティさを備えています。また、とろりとしたオイリーな口当たりも〈**スプリングバンク**〉の特徴です。このような複雑な風味から「モルトの香水」と評され、熱狂的なファンが多い銘柄です。

そして2番目が〈**ロングロウ**〉です。これ、とても面白いです。「ピート香があり、海のニュアンス……」というとアイラ島のシングルモルトを連想しますが、明らかに異なる個性を持っています。2回蒸留、フェノール値が50 ppmなので、もちろんピートのニュアンスは非常に強いのですが、とりわけ薬品っぽさが強いです。

アイラ島のピーティなニュアンスとは質感が異なることに注目してみてください。また海のニュアンスも質が違う。アイラモルトにおいても海のようなニュアンスを感じましたが、ロングロウはそれらとは別な塩辛さ。【**スプリングバンク**】の「ブリニー」なところをやはり受け継いでいます。

スタンダード品は「**ロングロウ**」。年数表記も名称もないのでそのままの名前です。これは様々な熟成年数、樽熟成のものをブレンドしているのでノンエイジながら非常に複雑味のあるボトルです。アイラが好きな人、〈スプリングバンク〉を気に入った人、どちらにもぜひお勧めしたい1本です。

第3のシングルモルトが0ppmの〈ヘーゼルバーン〉、3回蒸留のものです。エントリーレンジは「ヘーゼルバーン10年」でバーボンカスク100%ですが、年に1回、シェリーカスク100%の「12年」がリリースされています。やはり、バーボンカスクの「10年」の方が〈ヘーゼルバーン〉の個性はわかりやすいのでまずはこちらから飲んでいただくと良いと思います。

また、3回蒸留なので熟成の早さにも注目してみてください。ちなみに、スプリングバンクを飲み慣れていると「ブリニー」さと「かすかなピート香」が頭の中でリンクしていて、ブリニーでありながらピート香がないことに違和感を覚えるかもしれません。

【グレンガイル《Glengyle》】

2つ目はス【スプリングバンク】と姉妹蒸留所の【グレンガイル】をご紹介します。蒸留所の名前は【グレンガイル】ですが、ブランド名は〈キルケラン《Kilkerran》〉。ややこしいですね。こちらは2004年に【スプリングバンク】のスタッフによって再開された蒸留所で、【スプリングバンク】で製麦されたモルトを使用し、仕込み水も同じところから引いています。

2回蒸留で造られ、フェノール値は15 ppm。1年のうち、1か月ほどスプリングバンクの職人によって造られているため、生産量は非常に少ないです。スプリングバンクと比べるとオイリーな質感はやや抑えられている印象。

〈**キルケラン**〉はこれまで「**ワーク・イン・プログレス**《Work in Progress》」というものを年に1度ずつリリースしていました。「進行中」というような意味ですね。名前の通り、リリースごとに熟成年数が増えていき、飲む側も「熟成による成長を楽しみに飲む」というような面があったのですが、8年ほどでは、既に十分なクオリティだったため、「進行中」感があまりなかったように思います。

そんな「進行中」だった【**グレンガイル**】ですが、2016年についに準備期間を終えて「**キルケラン12年**」をリリースしました。1つの完成品です。この商品はバーボンカスク、シェリーカスクが、おおよそ70：30でブレンドされてから、瓶詰めされています。やはり、出来としてはこれまでのものより高水準かと思います。それぞれの個性が調和していて、「**12年**」で知った人、もともと好きだった人、双方から支持されています。カスクストレングスもあるのですが、人気があることに加え、やはり生産量が少ないため手に入れるには困難な1本です。

【グレンスコシア《Glen Scotia》】

キャンベルタウンの最後は【**グレンスコシア**】。これまで幾度かオーナーが変わり、ラインナップが変更されていましたが、現在の製品は安定して供給されています。

これまでは年数表記のあるものが主体でしたが、新しくなってから、年数表記は「グレンスコシア15年」のみ。そのほかに、「ダブルカスク《DOUBLE CASK》」、「ヴィクトリアーナ《VICTORIANA》」があり、全部で3種類のポートフォリオとなっています。ちなみに「15年」は「ダブルカスク」と「ヴィクトリアーナ」の中間的な位置づけで、全てのアイテムで異なる樽熟成がなされています。

新しいボトルでは、それぞれに味わいの説明が記されていることが特徴です。ファーストフィルのバーボンカスクで熟成後にペドロ・ヒメネスのシェリーカスクでフィニッシュされた「ダブルカスク」は「リッチ《RICH》&スパイシー《SPICY》」、アメリカンオークの「15年」は、「リッチ《RICH》&スムース《SMOOTH》」といった具合です。そのほかの日本に入ってきていないボトルなどもそれぞれにキャッチコピーが記されていますが、上級ラインの「ヴィクトリアーナ」はボトルには記載がなく、外箱に「エクセプショナリー《exceptionally》スムース《smooth》、リッチ《rich》&スモーキー《smoky》」と少し長めに載っています。こちらは強めにチャー（焦がす）したオーク樽で後熟されています。

グレンスコシアで造られるモルトウイスキーは、基本的にノンピートですが、1年のうちの6週間だけピーテッドモルトからウイスキーを生産しています。「ヴィクトリアーナ」はこちらのピーテッドスモルトが主体の商品です。

蒸留所としては、「ダブルカスク」、「15年」がキャンベルタウンの独自性を反映しているのに対して、「ヴィクトリアーナ」はヴィクトリア時代（19世紀後半）のキャンベルタウンモルトウイスキーを彷彿とさせる味わいのものだそうです。ここから名付けられたんですね。加水の概念がなかった当時を倣ってカスクストレングスで瓶詰めされています。

ローランド／キャンベルタウンを知るための3本

ここではローランドから3か所、キャンベルタウンから3か所、計6か所の蒸留所を取り上げましたが、なかなかバーで目にする機会がないものも多くあります。そこで今回は3つのみご紹介する運びとなりました。正直この3つも探すのがやや大変ですが……。

今回も一部、「これがなかったら……」は載せてありますが、【グレンキンチー】に関しては「12年」のほかには、年に1度リリースされる「ディスティラーズエディション」しかラインナップがないので載せられるものがありませんでした。ご了承ください。

こうやって並べてみると、蒸留所が少ない分、レパートリーも少ないです。

余力があれば、【スプリングバンク】の別ブランド、〈ロングロウ〉や〈ヘーゼルバーン〉もぜひ飲んでみてください。ピートの強弱を超えて共通する味わい、「これぞティピシテ」という貴重な経験ができると思います。

【ブラドノック】も現行の味わいを経験できるのは今のうちだと思うので機会に恵まれたらぜひ。

また、こういう地域こそボトラーズが威力を発揮します。【オーヘントッシャン】や【スプリングバンク】なんかは様々なボトラーズからリリースがありますし、オフィシャルが日本に入ってきていない【アイルサベイ】もティースプーンモルトであれば飲むことができますよ……なんて言い切ってはいけないのでした。できるらしいですよ、が正しいですね。

1 グレンキンチー 12年

樽の影響が強過ぎないので、特徴を捉えやすいと思います。フローラルでややハーブのニュアンスもありましたね。比較的主張が大人しく、ローランドらしいおしとやかな印象です。

2 オーヘントッシャン・アメリカンオーク

３回蒸留の特徴を押さえましょう。表記年数よりも熟成感を強く感じました。ローランドらしさも加わり軽やかですね。

「オーヘントッシャン・アメリカンオーク」がなかったら「オーヘントッシャン12年」を。「アメリカンオーク」と変わらない価格帯ですが、タイプの異なる１本です。私の周りでも好みが分かれています。３講目の宿題で既にご紹介しましたね。バーではどちらか１本が置いてあることが多いので、機会に恵まれた方を飲んでみてください。

3 スプリングバンク10年

３本目はキャンベルタウンです。ブリニーな潮の風味とオイリーなとろりとした舌触りが特徴でしたね。「スプリングバンク10年」はこれらの特徴がはっきりと感じられます。

「スプリングバンク10年」がなかったら「キルケラン12年」を飲んでみてください。スプリングバンクと比べると、オイリーな質感など、キャンベルタウンらしさは少ないですが、非常に品質は高いです。「スプリングバンク10年」を何度か飲んで、特徴を押さえてからでも、ぜひ飲んでみてほしい１本です。すでにご紹介した「グレンスコシア・ダブルカスク」もキャンベルタウンの特徴を実感できるでしょう。

アイランズモルトウイスキーを飲む

アイランズのお品書き

とうとう最後の地域です。前にもちらっとお話ししましたが、アイランズはアイラ島以外の島をまとめて指したもので、「その他」的な括りでもあります。そのため、北はスコットランド最北の蒸留所から、南はキャンベルタウンのお隣にあるアラン島まで、非常に広範囲に蒸留所が点在している形になります。

つまり分類することが非常に難しいのです。「島ごとに分ければいいじゃん」という声が聞こえてきそうですが、そうもいきません。

例えばマル島には**【トバモリー】**という蒸留所があります。そこで、ここのウイスキーを飲んでみて、味わいを捉えたところで、「これがマル島の特徴です」と言い切ることはできません。なぜなら、マル島には他に蒸留所がないから。その味わいが「マル島の」特徴なのか、それとも「トバモリー蒸留所の」個性なのか判断できないからです。

これぞ、以前にお話しした「テロワール」と「ティピシテ」の違いですね。

アイランズに関してはサンプルが少ないためにどうしてもこれらが混同してしまいます。マル島以外の各島にも蒸留所が1つか2つずつしかないので、このような理由から、これまでのように分類していくことが難しいです。

地図と照らし合わせやすいように島ごとに北から順に進めて行きますが、共通の特徴はあまりないのでご了承ください。

今回は「地域を順に」というよりは「蒸留所を順に」見ていきましょう。

Ⅰのオークニー諸島とⅡのスカイ島のみ、蒸留所が2つあります。

全てではないですが、島で生産されていることもあり、海のニュアンスを感じるものが多いです。ピートの有無は蒸留所によりますが、通常はノンピートのウイスキーを造っている蒸留所からピーテッドタイプがリリースされることもしばしばあります。

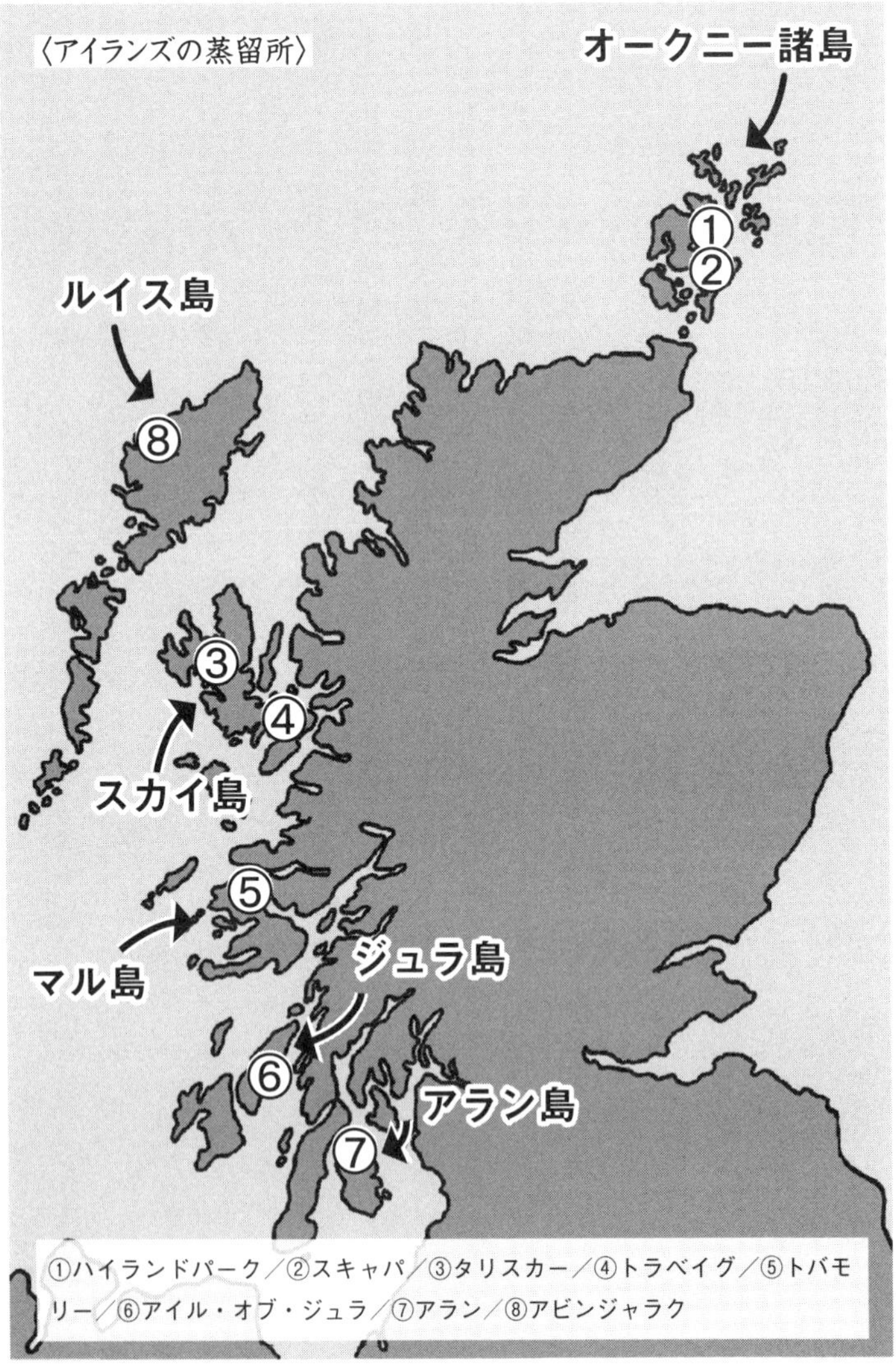
〈アイランズの蒸留所〉
オークニー諸島
①
②
ルイス島
⑧
③
④
スカイ島
⑤
マル島
ジュラ島
⑥
アラン島
⑦
①ハイランドパーク／②スキャパ／③タリスカー／④トラベイグ／⑤トバモリー／⑥アイル・オブ・ジュラ／⑦アラン／⑧アビンジャラク

Ⅰ・オークニー諸島《The Orkney Islands》

スコットランド最北で、いくつかの島が連なっています。そのうちメインランドに【ハイランドパーク《Highland Park》①】、【スキャパ《Scapa》②】という2つの蒸留所があります。

Ⅱ・スカイ島《Isle of Skye》

本島から橋が架かっているため、車で行くことができるスカイ島。風光明媚なことで知られています。長らく【タリスカー《Talisker》③】蒸留所しかありませんでしたが、2017年からスカイ島第二の蒸留所として【トラベイグ《Torabhaig》④】蒸留所がオープンしました。しかしこちらはまだボトリングがされていないので、本書では触れていません。

Ⅲ・マル島《Isle of Mull》

【トバモリー《Tobermory》⑤】蒸留所があります。ノンピートの〈トバモリー〉の他、ピートを強く効かせた〈レダイグ〉というブランドも生産しています。

Ⅳ・ジュラ島《Isle of Jura》

アイラ島の東に位置する「ジュラ島」を現地では「アイル・オブ・ジュラ」と呼びますが、そのままの名前の【アイル・オブ・ジュラ《Isle of Jura》⑥】という蒸留所があります。

Ⅴ・アラン島《Isle of Arran》

こちらも同様、現地では「アイル・オブ・アラン」と呼ばれるアラン島ですが、蒸留所の名前は【アラン《Arran》⑦】のみ。アイルは付きません。

2019年、【アラン】のボトルデザインのリニューアルがアナウンスされました。そして、それらのボトルには【ロックランザ《Lochranza》】の記載が……。おそらく第二蒸留所の【ラッグ《Lagg》】が稼働し、こちらのリリースも近いうちに……ということで、混同を避けるための措置かと思われます。

ただ、蒸留所名変更が正式に公表されたわけではないので、あくまで私の推測の範囲です。皆さんのお手元に本書が届いたときには当たり前のように【ロックランザ】と呼ばれているかもしれません。第二蒸留所のものは執筆中にはリリースがなかったので、ここでは第一蒸留所のもののみ取り上げます。

Ⅵ・ルイス島《Isle of Lewis》

2008年、「発音が分からない蒸留所」第1位の【アビンジャラク《Abhainn Dearg》⑧】がルイス島で創業されました。これまで読めなかった蒸留所たちが可愛らしく思えるほど読めません。スコットランドで最西端の蒸留所です。出会う機会はほとんどないと思われるので、取り上げることはしませんが、一応存在だけお伝えしておきます。

Ⅰ・オークニー諸島

【ハイランドパーク】《Highland Park》

オークニー諸島の【ハイランドパーク】から。同じくオークニー諸島にある【スキャパ】と比べても北に位置するため、こちらがスコットランド最北の蒸留所ということになります。人気が高く、ボトラーズボトルは高価なものが多いですが、オフィシャルボトルはリーズナブルです。**フロアモルティングを行っている蒸留所の1つ**で、40 ppm程度のモルトを蒸留所内で造っています。とはいえ、その他に、モルトスターから購入したノンピートのものも使用しているため、実際の数値としては10 ppmほどとなります。

定番商品のほとんどでシェリーカスクが使われています。エントリーレンジは「**ハイランドパーク12年**」。シェリーカスク100％でファーストフィル、セカンドフィルがそれぞれ20、80％ずつ使用されています。かなり華やかで、かつ複雑です。シェリーカスクからフルーティさとスパイス香をいいとこどりしているような印象で、それを受け止められるだけのしっかりしたボディを備えています。

ピートも程よくありますが、薬品臭というよりは、スモークがラストに香り、味わいを引き締める働きをしているので、重い酒質ながら、だらけた感じが全くありません。この味わいで3500円ですって。凄くないですか？

驚くのはまだ早くて、上位ラインはさらに凄い。「凄い」しか言っていないですね。ソムリエ失格です。ハイランドパーク原酒とシェリーカスクの相性が良いことは「12年」で既に分かっていただけたと思うのですが、上位ラインの「18年」ではさらにファーストフィルの比率が上がり、シェリー風味が濃厚になります。もう裏切られるヴィジョンが見えないですね。スケールの大きい、素晴らしい銘酒です。

【スキャパ《Scapa》】

続いてオークニー諸島のもう1か所、【スキャパ】です。エントリーレンジは「スキャパ・スキレン《SKIREN》」で、ノンエイジのものになります。ファーストフィルのバーボンカスクが100%。で、熟成年数の異なる様々な原酒が使用されています。

原酒自体にパイナップルのような、ややトロピカルなフレーヴァーがあるのですが、フローラルな香りもあるため、決して重くはなく軽やかに口の中に広がる印象です。モルトの香りも上品ですね。ノンエイジながら厚みもしっかりあります。

【スキャパ】のオフィシャルボトルはこれのみ、ボトラーズからのリリースもほとんどなし、という蒸留所なので、いろいろ試すことはしづらいです。しかし、「バランタイン17年」など、スキャパが使われているブレンデッドウイスキーを飲むとしっかりとその個性を感じられるでしょう。もちろんブレンダーさんの力の部分も大きいのでしょうが、ふんわりと広がる果実感や花の香りが特徴として際立っていると思います。

Ⅱ・スカイ島

スカイ島は蒸留所は【タリスカー】のみ。【トラベイグ】からのリリースはまだありません。

【タリスカー《Talisker》】

【タリスカー】**はフェノール値が20弱と、アイランズの中では高めの数値**です。海のニュアンスに加えて黒胡椒のようなスパイシーさがあり、これが唯一無二の個性となっています。

エントリーレンジは「タリスカー10年」。ピートが控えめというのはもちろんあるのですが、アイラに引けを取らない煙たさを備えつつ、フルーティさもあります。そのフルーツは柑橘などの瑞々しいものではなく、白桃などの濃厚なもの。しっかり熟している印象です。ともすると甘みが先行してしまいそうですが、アイランズらしい塩気やピート香、そして黒胡椒のスパイシーさがそれらをまとめ上げているので、引き締まったタイトな味わいに仕上がっています。樽らしい味わいはさほど強くないですね。

タリスカーの**ポットスティルは、蒸留液を取り出す管（ラインアームと言います）がU字型になっており、独特な形状をしています**。この形状がどっしりとした酒質とスパイシーさを生み出している、と言われていますが、他に同じ形のポットスティルを使っているところがないので、やはり言い切ることはできません。

Ⅲ・マル島

マル島は**【トバモリー】**のみですが、ピーテッドタイプも生産しており、こちらは〈**レダイグ**〉というブランドネームになります。ここでまとめてご紹介します。

【トバモリー《Tobermory》】

先述の通り、マル島の**【トバモリー】**ではノンピートの〈トバモリー〉のほかにヘヴィリーピーテッドの〈**レダイグ**〉というブランドも生産しています。〈**レダイグ**〉はフェノール値35ppm程度とアイラにも引けを取らない数値です。

まずは蒸留所の名前でもある〈**トバモリー**〉の方から。モルトや軽めのフルーツ、ハチミツなどの親しみのある香りです。ハーブっぽい要素もあります。少し若い香りがありますが、気になるほどではないですね。ここまでだと、ハイランドあたりのバーボンカスク熟成……なんかが香りの点で近い気もします。

判断しきれないので、飲んでみましょう。

これまでにない香り、**ホワイトチョコレートのような甘さ**がないですか？　この甘い風味、〈**トバモリー**〉の特徴の1つです。樽の使い方によるところも大きいのかと思いますが、バーボンカスクのものでは、比較的見つけられる特徴です。全てに共通するわけではないですが……。

塩気があるのも、やはり他の地域と見分ける判断材料にはなります。正直なところ、「これぞトバモリー」という特徴はあまりないと思うので、万が一、ブラインドテイスティングなどで飲む機会があればこの辺りから推し量っていくかな？　という感じです。

続いて〈**レダイグ**〉の方を見ていきましょう。私は「アイラ島以外で、最もアイラらしいウイスキー」を造る蒸留所だと思っています。アイラのブランドネームもないので、ボトラーズもそこまで高額ではありません。狙いどころのブランドです。

飲んでいただければわかると思いますが、スタンダードの「**レダイグ10年**」はバーボンカスクが主体です。実は〈**レダイグ**〉はシェリーカスクとの相性もとても良いので、ボトラーズなどで見かけたらぜひ飲んでみてください。アイラと比べても遜色なく、並のアイラを軽く超えるクオリティのものもざらにあります。

Ⅳ・ジュラ島

ジュラ島はアイラ島のお隣ですが、基本的にピートを焚かないモルトからウイスキーを生産しているのでキャラクターは全く異なります。むしろ真逆と言っても良いくらい。嫌いな人はいないであろう、フレンドリーな性格です。

【アイル・オブ・ジュラ《Isele of Jura》】

蒸留所は海沿いの立地で、さらに**全長8メートルにもなる巨大なポットスティルを使用していることもポイント**です。エントリーレンジの「アイル・オブ・ジュラ10年」はバーボンカスクで熟成を行った後に、シェリーカスクでフィニッシュしています。

さて、いきなりですが、ここでは普段と趣向を変えて、「10年」の味わいを予想してみましょう。先述の内容がヒントです。左の内容を隠して、これまでの知識を総動員して味わいをイメージしてみてください。イメージができたら次に読み進めてくださいね。

まず、酒質から。「ピートを焚かない」のでスモーキーなニュアンスはなさそうですね。「海沿いの立地」であれば、塩気を感じる風味はありそうです。また、「巨大なポットスティル」ということで酒質は軽くなると予想できます。邪推すると、軽めの酒質であれば、シェリーカスクの厚化粧はしていないのでは？　というのも考えられそう。

熟成についても「シェリーカスクでフィニッシュ」しているので、表面的には甘い香りがありつつ、「バーボンカスクで熟成を行った」のであれば、中核にはバーボンカスク由来のフレッシュな味わいがありそうです。

以上をまとめると、「ライトな酒質で、ピートのニュアンスはないが、塩気を感じる。フレッシュフルーツやモルトの香りを持ちつつ、表面的には甘い風味がこれらを覆っているような構成」というような予想になります。


それでは実際に飲んでみてください。

例外的な部分もなく（そうだからこそ味わいを予想する練習用に選んだのですが）、実際にイメージ通りの味わいとなっています。答え合わせをしながら、もう少し細かく見てみましょう。

第一印象はキャラメルのような甘いニュアンスがありますが、あまり強くありません。すぐに洋ナシやメロンなどのフレッシュフルーツや、モルトの香りに移ります。少しグリーンなトーン（青臭い、ハーブのような香り）もありますが、ハーブなどの軽くて爽やかな印象ではなく、やや湿っている、森の中の植物のようなイメージです。強くはないですが、海っぽいニュアンスも確かにあります。

口に含んでみると、酒質が軽いのも分かりますね。ライトボディと言って良いでしょう。樽の雰囲気から邪推していた「シェリーカスクは弱め」というのも合っていそうですね。典型的なドライフルーツというよりは、キャラメルのようなフレーヴァーがほのかに香るくらいでした。ライト、クリーンで初心者にも優しいとっつきやすいウイスキーですが、際立った個性というものはあまりないので、特徴は押さえづらいかもしれません。

　実際、グリーントーンなんかは蒸留所次第なところもあり、予想するのは難しいのですが、おおよその味わいはイメージすることができました。私が独学で飲み始めたときはこれができるようになるまで1年以上かかりましたが、ポイントをまとめればこんなに簡単なことなんです。

　実際は例外などもあるので全てというわけにはいきませんが、このように知識を運用すれば、データだけで味わいを予想することもできます。シングルモルトについての最後の章だったので、こんなことをしてみましたが、ここまで読んでくださった皆さんは初めの時と比べて、着実にウイスキーのことを理解できていると思います。


　ちなみに、**【アイル・オブ・ジュラ】**はピーテッドのスタイルも少量造っていますが、**〈トバモリー〉**と**〈レダイグ〉**のようにブランドは分かれていません。ただし、ラベルに「ライトリーピーテッド《LIGHTLY PEATED》」や「ヘヴィリーピーテッド《HEAVILY PEATED》」のように記載されているので、そちらを目安にしてください。**〈レダイグ〉**同様、アイラと比べるとリーズナブルなので、ピーテッドスタイルも試してみる価値はあると思います。

　また、ボトラーズからリリースされるときは「アイル・オブ」がなくなり、**【ジュラ《Jura》】**という名になっています。細かいことですが、混乱があるといけないので、一応お伝えしておきます。

V・アラン島

冒頭でもお話ししたように、アラン島も今のところは**【アラン】**のみ。**【ラッグ】**はこれからです。**【アラン】**の設立まで、かなり長い期間ウイスキーの蒸留は行われていませんでした。

【アラン《Arran》】

【アラン】も特徴を押さえにくいです。というのも華やかなものが多く、第一印象ではスペイサイドのような雰囲気があるからです。また、比較的新しい蒸留所であり、様々なボトルをリリースしていることで有名。年数表記のもののほかに、様々なウッドフィニッシュスタイルや、ピーテッドの〈**マクリームーア**《MACHRIE MOOR》〉というブランドも展開しています。

エントリーレンジの「**アラン10年**」が最もスペイサイドのような味わいなのではないかと思います。というのも長期熟成のものほど、アイランズらしい塩気が出て来るのですが、比較的若い「**10年**」ではあまりその風味がないのです。熟成期間にも樽を介して外気との交通があるため、島の熟成庫で保管される期間が長いほど海のニュアンスを吸収するためと考えられます。

もし、塩気に気づかなければ、熟しきっていないバナナや、洋ナシ、キウイなどのフレッシュフルーツ感が満載で、完全にスペイサイドを連想してしまいそうな味わいです。新しい蒸留所でありながら、**クラシカルで正統派なウイスキーを造っている蒸留所**だと思います。

アイランズを知るための6本

初めにもお話ししたように、アイランズは共通する特徴もなければ、地域による味わいの違いも分かりづらいです。地域の特徴に加えて、蒸留所の個性が反映されている部分が大きいのでした。そういうわけで、何本かのサンプルでアイランズ全体の概要を把握するのは難しいので、この機会に全部経験してしまいましょう。

アイランズのシングルモルトは案外、バーに並んでいることが多いですが、すべて揃っていることはなかなかないので、結局5本くらいに落ち着くと思います。

今回は各蒸留所のティピシテがテーマで、これらに代わる品がないため「なかったら……」コーナーはお休みです。行きつけのバーにないものは、機会に巡り合ったときに飲むようなスタンスで十分かと思います。まずは身近にあるものから試していってください。比較の重要性もこれまでほど大きくないので一度に並べずとも大丈夫です。

今回はちょっと順番を変えてみました。一度に飲むのであれば、「ノンピート→ピーテッド、軽いもの→重いもの」の順に進めていくのが良いと思います。

今回は「アイル・オブ・ジュラ」のところで、「情報だけで味わいを予測する」ということをちょっと変わったこともやってみました。たった数行でおおよそのイメージを持つことができましたね。スコッチのシングルモルトの紹介は一通り済んだので、知識の確認も込めて、ゲーム感覚で他の蒸留所でもやってみてください。

1 スキャパ・スキレン

まずは軽やか、クリーンなものから始めましょう。特にスキャパは華やかなキャラクターなのでここに注目して飲んでみてください。

2 アイル・オブ・ジュラ10年

こちらも優しいウイスキーです。先ほど味わいを予想してみましたが、飲みながら味わいを確認し、造り方の工程と照らし合わせてみてください。

3 トバモリー 10年

ハイランドのようなニュアンスもありますが、ホワイトチョコレートのような風味を探しつつ飲んでみましょう。費用対効果が抜群の〈レダイグ〉もぜひ。

4 アラン10年

クラシカルなウイスキーです。よくできたスペイサイドのようなニュアンスもありますね。難しいことを抜きにしてもおいしいウイスキーなので、身近に初心者の方がいたら、この辺りを進めてあげるといいかもしれません。

5 ハイランドパーク12年

リーズナブルながら、シェリーカスクをふんだんに使用したコストパフォーマンスに優れたボトルです。ピートのアクセントにも注目してみてください。

6 タリスカー 10年

シングルモルトの最後はパワフルでスパイシーな風味を持つ【タリスカー】で締めましょう。黒胡椒のような特徴に注目してみてください。これまでのどれにもなかった風味だと思います。

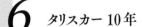

スコッチのブレンデッドウイスキーを飲む

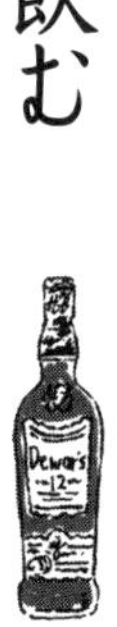

ブレンデッドウイスキー

最後にブレンデッドに触れましょう。実はこのブレンデッド、ただただおいしく飲むのであれば最高の相棒なんですが、理解しようとするととても難しいんです。

シングルモルトであれば各蒸留所に明確な個性があります。さらに使っている水などが似ていれば風味も近くなるため、近隣の蒸留所とは何かしらの共通項があることが多いです。つまり、各地域で共通した味わいがある、ということ。その中から更に蒸留所ごとの個性を見つけていくと自分の好みのウイスキーを探せるようになります。

しかし、ブレンデッドはそうはいきません。というのも、スコットランドでは、基本的にはモルトの蒸留所はモルトだけを、グレーンの蒸留所はグレーンだけを造っていましたね。そしてブレンデッドはブレンデッドを専門に造っている独立した会社が、蒸留所からウイスキーの樽を買い集め、それらを独自にブレンドしています。

ですから、樽も様々な上、秘伝のレシピは公開されていません。つまり、**造っている会社のみ**

でしか好みを判定できないということになります。

そういうわけで、違いを考えるのが難しいのでブレンデッドは最後に回ってきたわけですが、実はスコッチの生産量のうち、9割近くがブレンデッドなんです。

安価なものから高額のものまで幅広いですが、安定して美味しいことは間違いがなさそうです。そして流通量が多いこともあり、バーにおいてあることがとても多い。しっかりしたバーであってもシングルモルトでは1つの蒸留所に対して1本のボトルしか置いていないことが多いですが、有名なブレンデッドの銘柄であれば2、3種類のラインナップがあることも珍しくありません。

ただ、ブレンデッドは様々な地域のモルト、グレーンがブレンドされているため、タイプ分けなどをして特徴を捉えていくような進め方ができません。実際にいろいろ飲んでみて、各ブランドの個性を知っていくしかありません。ブレンデッドは流通量も多く、様々なブランドがあるのですが、多くの書籍でページ数が少なめに取られているのはこういった理由があるのかと思います。

もちろん全てのブランドをご紹介することはできないので、有名なところをご紹介します。その他のものも定番ラインナップを飲むとなんとなくスタイルが分かってくると思います。

提供されている情報が少ないのが難点ですが、ブレンデッドを知るために注目すべきなのは、**「キーモルト」**。これは各ブランドの特徴を演出するための「柱」のようなもので、多くの比率を占めているモルトのことです。これに関しては、検索すればわかることが多いので、活用しない手はないと思います。初見のブレンデッドを飲むときは、ぜひ調べてからお飲みください。

ちなみに、ノンエイジのエントリーレンジは１０００円くらいからありますが、ブランドの特徴を知るためには、**２０００円前後の12年ものから始めるのがお勧め**です。

というのも、同じブランドのものを何種類かずつ飲んでみると、ノンエイジはちょっと毛色が違うことが多いのです。理由はいくつか考えられるのですが、上位ラインと比べてグレーン比率が高いので、特徴が出しづらいというのが大きいかと思います。

〈デュワーズ《Dewar's》〉キーモルト：アバフェルディ

アメリカではスコッチのトップシェアを占めているブランドです。リッチで厚みのある味わいなのでアメリカで流行るのもなんとなく理解できます。

個人的には〈デュワーズ〉は低価格帯が特に強いイメージで、「12年」は２０００円程度ながらとても複雑で厚みがしっかりしたボトルです。エントリーレンジの「ホワイトラベル《WHITE LABEL》」もこの価格帯にしては例外的なほど高品質なので「１０００円くらいで美味しいスコッチ」としていろいろな場面で重宝しています。

〈シーバスリーガル《CHIVAS REAGAL》〉キーモルト：ストラスアイラ

スペイサイドの【ストラスアイラ】がキーモルトということもあり、ほとんどのボトルで、繊細で華やかなスタイルは共通します。検索すると「18年」の上が「25年」と、間があり、値段も4倍ほどになってしまいますが、製造業者のシーバス・ブラザーズ社の〈ロイヤルサルート《ROYAL SALUTE》〉が姉妹ブランドです。「ロイヤルサルート21年」が1万円ほどなので、上位ラインを飲み進めて行く場合は、そちらを挟んで「25年」に行くのが妥当です。

ちなみに、樽の種類の話の時にお話しした「ミズナラ」はここからリリースされています。お手ごろなのでぜひ試してみてください。

〈バランタイン《Ballantine's》〉キーモルト：スキャパ、グレンバーギ、ミルトンダフ、プルトニー、バルブレア、グレンカダム、アードベッグ

いきなりキーモルトが7つも出てきて、初見の方は困惑していると思います。これらは「バランタイン魔法の7柱」と呼ばれていて、ウイスキー好きの中では有名なお話だったりします。かなり昔に選定されているので、現在はやや変化しているそうですが、やはりこれらはメインに使われているようです。

【グレンバーギ】や【ミルトンダフ】はブレンデッドに回されることが多く、オフィシャルボトルもないので、知名度は高くありませんが、〈バランタイン〉を支える蒸留所。隠れた銘酒たちです。あまり知られていないためか、お値段も控えめです。興味のある方はボトラーズで探してみてください。

〈ジョニーウォーカー《Johnnie Walker》〉キーモルト：様々

ラインナップによってキーモルトが異なります。それぞれは調べればわかるので、全てここに記載することはしませんが、ディアジオ社の所有するブランドなので、ディアジオ社系列の蒸留所のものがキーモルトになっていることが多いです。

経験を積んでから飲むと「これはスペイサイド由来で、これはアイラ……」というように構成を楽しむことができるブランドだと思うので、ぜひ、キーモルトを調べてから飲んでみてください。

〈ザ・フェイマスグラウス《The famous grouse》〉キーモルト：ザ・マッカラン、ハイランドパーク、グレンタレット

1000円程度のエントリーレンジの「**ザ・フェイマスグラウス・ファイネスト《finest》**」から【**ハイランドパーク**】が主体という贅沢なブランドです。

特徴としては多様な味わいのボトルがあること。「**スモーキーブラック《SMOKY BLACK》**」では名前の通り、ピーテッドモルトの比率が高いスモーキーなブレンドで、これは【**グレンタレット《GLENTURRET》**】（ハイランド）のピーテッドモルトに由来します。

スコッチウイスキーのまとめ

ずいぶんかかってしまいましたが、ようやくスコッチを一通りご案内することができました。市場にあるボトルの種類が圧倒的に多いので、かなりのページ数を割きましたが、細かいところも説明してきたので、ここまでの内容を覚えている方はスコッチの知識は全国偏差値70くらいあると思います。

いろいろな個性、キャラクターのウイスキーが登場しましたが、何度も言うように、お酒は嗜好品です。お酒の仕事をしていない限り、全てのジャンルに詳しくなる必要はないですし気に入った蒸留所や好みの地域を深掘りしてみてください。

それでは、これでスコッチを終えたいと思います。次回からは残りの4か国を見ていきましょう。

ブレンデッドを知るための3本

今回取り上げるのは流通量が多いブレンデッド。しっかりしたバーであってもシングルモルトでは1つの蒸留所に対して1本のボトルしか置いていないことが多いですが、有名なブレンデッドの銘柄であれば2、3種類のラインナップがあることも珍しくありません。

とは言え、バーによってラインナップが変わるので、そのお店にあるブレンデッドを試してみてください。ここでは、取り扱いの多そうな有名ブランドを数種類ずつ挙げてみました。

まずは、「熟成年数を比較する」飲み方を試してみてください。いずれのブランドもエントリーレンジから上位レンジまではキーモルトが共通しているので、ブランド自体の個性を捉えやすいと思います。

ただ、それだけだと2、3種類で終わってしまうので、「物足りない」という方もいらっしゃるかと思います。そういう場合は「横切り」の比較も楽しいのでおすすめです。

どういうことかというと各ブランドの近い熟成期間のものを並べてみる、という飲み方です。

これまでにさんざんやってきましたね。例えば、バランタインを「縦切り」でファイネスト↓12年↓17年と進めるだけでも「熟成による違い」や「ブレンデッドとシングルモルトの違い」は感じ取れます。

しかし、そこでデュワーズとシーバスリーガルの12年も一緒に比較してみれば、それぞれのブランドの特徴もなんとなく掴むことができます。

1 バランタイン・ファイネスト、12年、17年

「魔法の７柱」がキーモルト。これらはいろいろな地域から満遍なく選定されているので、バランス感が秀逸です。１８４ページの【スキャパ】のところでも触れましたが、「17年」を飲むときの「ふわっとスキャパが香る感じ」が個人的にはお気に入りです。「17年」くらいから一気にグレードが上がる印象です。ウイスキーを飲み始めたときに、奮発して「30年」を飲み、価値観が変わるくらいの衝撃を受けました。かなり高額ですが、代えがたい経験になるかもしれません。

2 デュワーズ・ホワイトラベル、12年、18年

キーモルトは【アバフェルディ】。ハイランドの時に、ボディの厚みがしっかりした均整のとれたモルトであることはお分かりいただけたかと思います。その【アバフェルディ】がメインで使われているため、やはり〈デュワーズ〉もその味わいが強く反映されています。「18年」なんかはさすがの完成度ですが、低価格帯のものも驚くようなクオリティ。ぜひ家飲みの一本にご検討ください。

3 シーバスリーガル12年、18年

【ストラスアイラ】がキーモルトでした。飲んだことがなくても、繊細で優美な味わいになりそうだと予想できます。「12年」、「18年」の他に「ロイヤルサルート21年」も置いてあるバーは多いので、ややお高いですが、ぜひ並べて飲んでみてください。しつこいようですが、「ミズナラ」もぜひ。本書が出版されるころには「ミズナラ18年」も飲めるようになっているはずです。

〔お口直しのコラム2〕

ディアジオ社のクラシックモルトシリーズとは

ディアジオ社の商品に、「**クラシックモルトシリーズ**」と呼ばれていたシングルモルトがあります。これはディアジオ社の所有する蒸留所の中で、「各地域の特徴を表現しているもの」として大変人気の銘柄で、ラインナップは次の6つです。

①**ダルウィニー**（北ハイランド）
②**オーバン**（西ハイランド）
③**クラガンモア**（スペイサイド）
④**ラガヴーリン**（アイラ）
⑤**グレンキンチー**（ローランド）
⑥**タリスカー**（アイランズ）

①の【**ダルウィニー**】のみ、立地が独特過ぎるため（北ハイランド、西ハイランド、スペイサイドのちょうど中間くらい）、本書ではご紹介していませんが、そのほかのものは各章にて取り上げさせていただいています。

このラインナップは各地域の味わいを余すところなく表現するため、なんとほぼ100%サードフィルのバーボンカスクを使っていると言われています。つまり、初めの2、3年グレーンウイスキーを熟成させ（ファーストフィル）、次に10年ほど別なシングルモルトを詰めます（セカンドフィル）。そこでようやくクラシックモルトを詰める準備が整い、それぞれの原酒が樽に詰められていきます（サードフィル）。こうすることで樽由来のフレーヴァーも抑えているそうです。

例えば、ローランドの【**グレンキンチー**】をご紹介した時に、樽からの香気はやや大人しいとご紹介しましたが、このような優しい樽の効かせ方は他の5つでも見られます。樽由来と考えられる部分のフレーヴァーに共通のニュアンスがあると思います。「サードフィルで地域のテロワールを表現する」やり方、なんとなく伝わりましたでしょうか？

ディアジオ社が「典型的な味わい」としてリリースしている銘酒たち。すでにいくつかは飲みましたが、全ての地域を学び終えたら改めて並べて飲んでみても面白いと思います。

chapter3

Indulge the oily flavor of Irish Whiskey.

3杯目 アイリッシュウイスキーに浸《ひた》る

アイリッシュウイスキーを飲む

アイリッシュウイスキーのお品書き

2つ目にご紹介するのはアイルランドのアイリッシュウイスキーです。

アイルランド共和国と北アイルランドで生産されるのがこのアイリッシュウイスキーです。

アイルランドは、モルト、グレーンを主体としたタイプでスコットランドと共通した部分も多くあります。その他にアイルランド特有のものとしてポットスティルウイスキーなんてものもありましたね。

スコットランド同様、1つの蒸留所で造られたポットスティルウイスキーを単独で瓶詰めしたら「シングル」がついて「**シングルポットスティルウイスキー**《SINGLE POT STILL WHISKEY》」になります。ブレンデッドの原料になっているのはあくまで「ポットスティルウイスキー」で、こちらの場合は「シングル」は付きません。あまり馴染みがないので仕方がないのかもしれませんが、日本では結構混同されているような印象です。

それでは、復習がてら、スコットランドでも使ったイラストを利用して、アイリッシュの分類

〈アイリッシュの分類〉

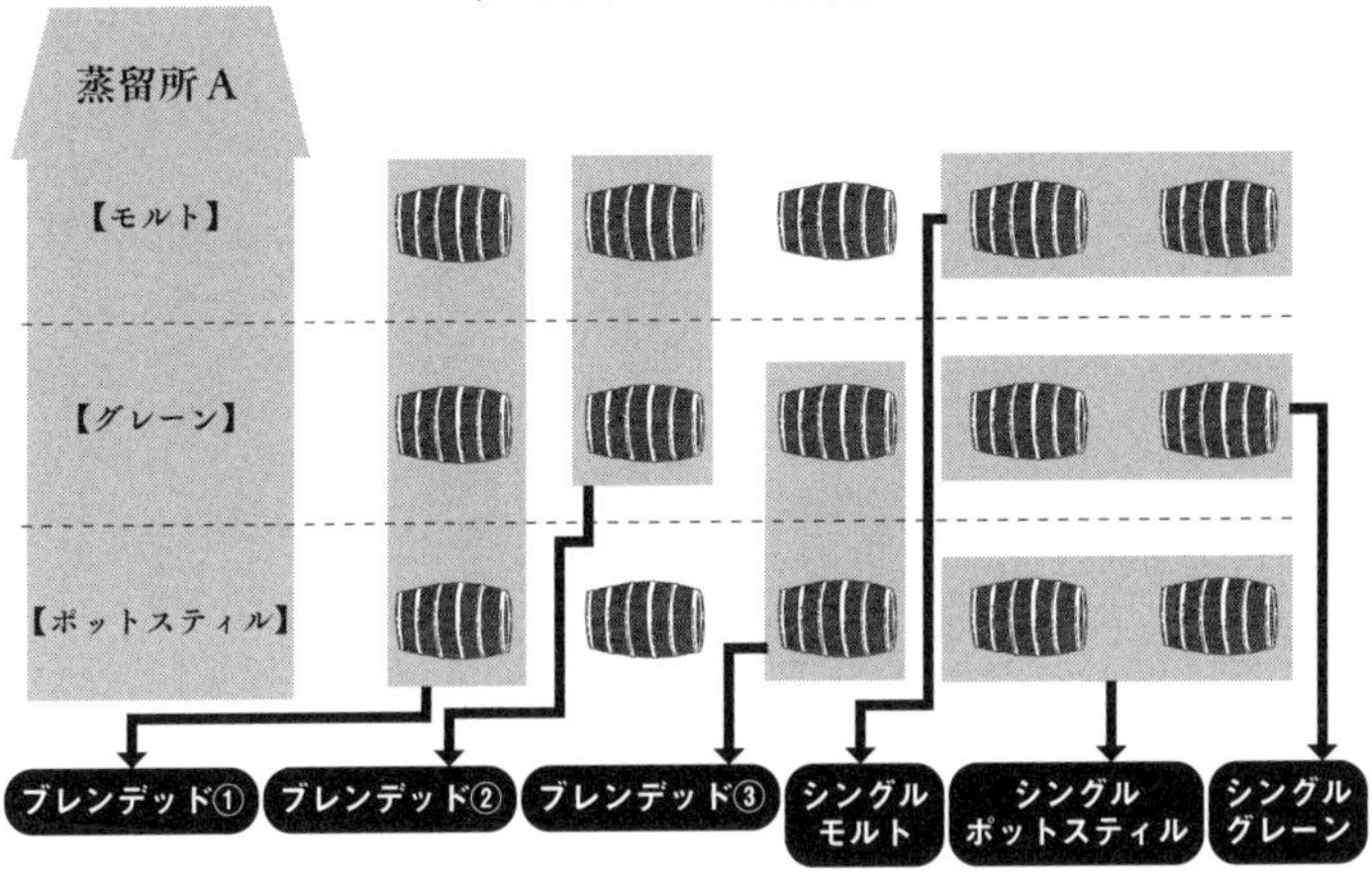

※ポットスティルウイスキーを生産していない蒸留所では、上記のうち、シングルポットスティル、ブレンデッド①、ブレンデッド③がなくなり、シングルモルト、シングルグレーン、ブレンデッド②(モルトとグレーンのブレンド)の3タイプとなります

をもう一度確認しましょう。ここでは、ポットスティルが加わります。

アイリッシュの構成としてはモルト、グレーン、そしてポットスティルと、それらをブレンドしたブレンデッドがあります。そして、スコッチと同様に、ブレンデッドがその割合の多くを占めています。

スコットランドにはたくさんの蒸留所があり、それらを地域ごとに見ていきましたが、実はアイルランドには蒸留所が(大手では)5か所しかありません。さらに1つの蒸留所から数種類のブランドがリリースされているため、ややこしいことになっています。そのため、体系的に理解するにはスコッチと同じ進め方は不向きです。

しかし、スコットランドと大きく異なる点があります。それは「ブレンデッドも1つの蒸留所で造られていること」です。

スコットランドではブレンデッド専門の会社がブレンドしていましたが、アイルランドでは1つの蒸留所がシングルモルト（やシングルポットスティル）もブレンデッドも造っているため（グレーンは造っているもののシングルグレーンはほとんどリリースされていません）、ブレンデッドに含まれているモルトはその蒸留所のものなのです。

ブレンデッドは基本的にはシングルモルトやシングルポットスティルよりもリーズナブルですが、このリーズナブルなブレンデッドを飲むことで、その蒸留所の方向性がある程度わかってしまうわけです。これを利用しない手はないですね。

そういうわけで、各蒸留所のブレンデッドからスタートします。そして、次のステップとして、アイルランドのシングルモルトや、シングルポットスティルに進み、上級のラインナップを飲んでみることにしましょう。これまで多くのスコッチを一緒に飲んできた皆さんであれば、違いも理解できると思います。

ただ、実際問題として、お隣の国で造られたスコッチと完全に区別することはできません（北部アイルランドに関しては同じイギリスです）。特に、シングルモルト同士なんかはブラインドテイスティングだとわからないこともたびたびあります。まあ、ブラインドテイスティングで国を当てることにさほど意味はないのですが、「似ているものもある」くらいのイメージは持っておくと良いと思います。

それではアイリッシュの説明に入っていきますが、まず蒸留所を一通りご紹介してしまいます。というのも、どこの蒸留所でどのタイプを造っているのかを知らないと初めのブレンデッドからつまずいてしまうからです。蒸留所と銘柄がたくさん出てくるので覚えなくて大丈夫ですが、蒸留所の説明だけは目を通していただきたいです。

その中でも特に、

①【ミドルトン】はポットスティルを造っている
②【ブッシュミルズ】はモルトを3回蒸留で造る
③【タラモア】は両方（ポットスティルも3回蒸留も）の特徴がある

という3点だけは最低限押さえておいてください。逆に、【ミドルトン】と【タラモア】以外ではポットスティルは造っていないですし、【ブッシュミルズ】と【タラモア】以外は基本的に2回蒸留です。

アイルランドの蒸留所

【ブッシュミルズ《Bushmills》①】

モルトを3回蒸留で造る蒸留所。早速、押さえておきたい内容の1つ目です。これとグレーンを合わせたブレンデッドもあります。

▼ブレンデッドウイスキー

〈ブッシュミルズ・オリジナル《ORIGINAL》〉
〈ブッシュミルズ・ブラックブッシュ《Black Bush》〉
〈ブッシュミルズ・レッドブッシュ《Red Bush》〉

いろいろありますが、熟成樽とモルトウイスキーの比率が異なります。最もコストパフォーマンスが高いブラックブッシュを後で取り上げます。

▼シングルモルトウイスキー

〈ブッシュミルズ・シングルモルト《Single Malt》〉

「10年」、「16年」が定番で、数量限定で「21年」なんかもあります。それぞれ熟成が異なりますが、いずれもラベルに記載があるので、ここでは細かく述べません。

高価ではありますが、長期熟成品は品質も高いですし、何よりリッチに造られています。

【クーリー《Cooley》②】【キルベガン《Kilbeggan》③】

姉妹蒸留所です。**【クーリー】**ではモルトとグレーンを、**【キルベガン】**ではモルトのみ生産しています。ブレンデッドは**【キルベガン】**のモルトと**【クーリー】**のグレーンのブレンド。何ともややこしいですね。シングルモルトについては、**【キルベガン】**のものはなく、いずれも**【クーリー】**産。本書では取り上げていませんが、シングルグレーンもリリースしています。

▼ブレンデッドウイスキー

〈キルベガン〉

リリースは後にご紹介する「キルベガン」（217ページ）のみ。先述のように、**【キルベガン】**産のモルトと**【クーリー】**産のグレーンのブレンドです。

▼シングルモルトウイスキー

〈ターコネル《TYRCONNELL》〉

ノンピートの2回蒸留。あまり見かける機会はないと思います。

〈カネマラ《CONNEMARA》〉

唯一、ピーテッドスタイルのブランドです。ピーテッドの2回蒸留なのでアイラ好きの方は、試してみる価値はあると思います。

【ミドルトン《Midleton》④】

こちらが唯一、シングルポットスティルをリリースしている蒸留所です。ポットスティルは**【タラモア】**でも造っていますが「シングル」としてリリースしているのはここだけ。インターネット上では、モルトも造っているという情報が出てきたりしますが、シングルモルトはラインナップにないですし、気にしなくて大丈夫。ブレンデッドもシングルポットスティルとグレーンで造られています。これは結構な特色ですね。

▼ブレンデッドウイスキー

〈ジェムソン《JAMESON》〉

超有名銘柄のジェムソンには様々なラインナップがあります。特にユニークなのが「カスクメイツ《CASKMATES》」。これはスタウトという黒ビールの樽で後熟したもので、かなりの変わり種ですが、近年増えつつあります。お値段も２５００円ほどとお手ごろです。

〈パワーズ《POWERS》〉（の一部）

「ゴールドラベル《GOLD LABEL》」はブレンデッドに属します。ポットスティルにグレーンがブレンドされています。

▼シングルポットスティルウイスキー

〈レッドブレスト《REDBREAST》〉

スタンダードな「**12年**」を後で取り上げますが（222ページ）、「**15年**」、「**21年**」などの上位ラインもあります。高価ですが、「**12年**」の重厚な味わいを気に入ったら必ず試してみるべきです。リッチさ、シェリーカスクのフルーツ香はさらに増し、アルコールの刺激がソフトになり、わかりやすく「高級」になっていく印象です。

〈グリーンスポット《GREEN SPOT》〉

年間数千本の限定品で、そこまで見かける機会はない、ということで、メインは〈**レッドブレスト**〉に譲ることになりました。しかし、生産量は少ないながら、割と流通はしているので探してみてください。

〈パワーズ〉〈の一部〉

パワーズの中でも「**シグネチャーリリース《SIGNATURE RELEASE》**」と「**ジョンズレーンリリース《JONN'S LANE RELEASE》**」はシングルポットスティルになります。後者は12年熟成のボトルです。

【タラモア《Tullamore》⑤】

こちらは2014年にオープンした蒸留所ですが、〈タラモアデュー《TULLAMORE DEW》〉ブランド自体は昔からあり、以前は**【ミドルトン】**で造られていました。つまり、熟成が長いものは現在も**【ミドルトン】**で造られていたもので、徐々に新蒸留所のものに移行していっています。

モルト、ポットスティル、グレーンを全て造ることができますが、シングルポットスティルのリリースはなく、ラインナップはブレンデッド、シングルモルトのみ。ブレンデッドは3タイプ全ての原酒が使用されています。

モルトは3回蒸留でした。押さえておいてくださいね。

▼ブレンデッドウイスキー

〈タラモアデュー〉

定番商品は後で取り上げており、上位ラインには「12年」があります。

▼シングルモルトウイスキー

〈タラモアデュー・シングルモルト《SINGLE MALT》〉

「14年」が日本にも輸入されていますが、ネットショップでまれにある程度なので、本書では割愛します。機会がないと思うので……。

〈アイリッシュの蒸留所〉

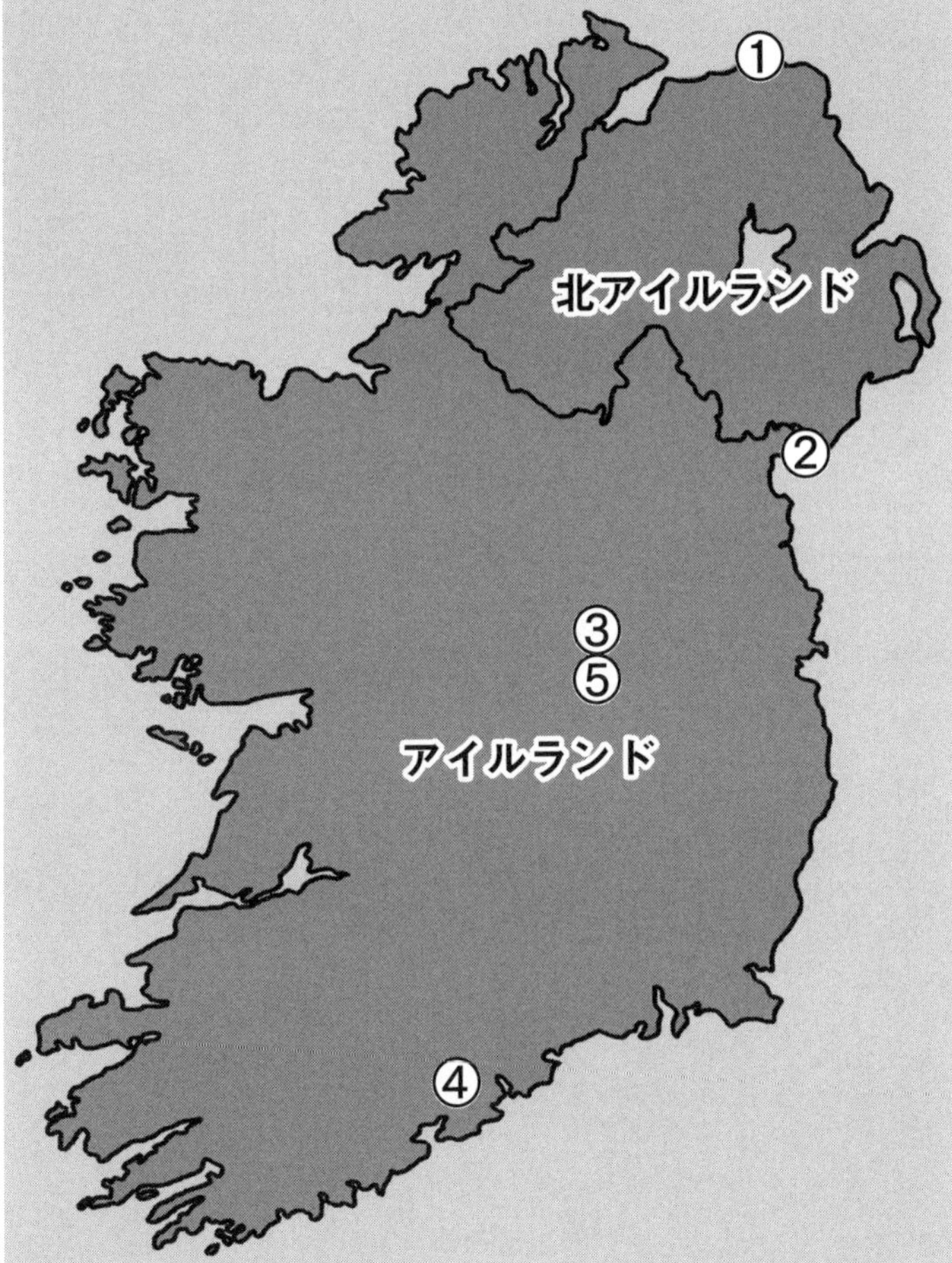

①ブッシュミルズ／②クーリー／③キルベガン／④ミドルトン／⑤タラモア

ブレンデッドウイスキー

ということで、まずはブレンデッドから。ブレンデッドは先にご紹介した全ての蒸留所で造られていましたね。クーリーとキルベガンは姉妹なので、同じと考えてしまいましょう。ここでご紹介するのは全て2000円程度です。

「ジェムソン《JAMESON》」【ミドルトン《Midleton》】

日本で最も有名なアイリッシュである、「ジェムソン」から始めましょう。これはバーにも置いてあることが多いので、まずは飲んでみてください。かなりの有名銘柄で、ポットスティルも使用されているので、「アイリッシュらしさ」を知るには良い1本かと思います。

　ポットスティルらしい味わい……なんていっても伝わらないですよね。なにせ、まだ一緒にポットスティルは飲んでいません。しかし、手に入りやすく、お値段もリーズナブルなブレンデッドから始めたい。困りました。


　とりあえず、ポットスティルの味わいを復習してみましょうか。5大ウイスキーの項では、「クリーンな酒質でありながら、オイリーな（油様の）質感があります」と述べました。前者は3回蒸留によるもので、後者は糖化の工程に長い時間をかけることによるものでした。

　ポットスティルがいくらクリーンであるとはいえ、ブレンデッドなので、さらにクリーンなグレーンとブレンドされてしまっています。クリーンとクリーンを合わせたら当たり前のようにクリーンなお酒が出来上がるので、この中から、ポットスティル由来の部分を探すのは難しそうです。

しかし、後者の「オイリーな質感」は何とかなりそうな気がしませんか？　そこを糸口に探ってみることにしましょう。

「質感」と言っているくらいなので、これについては口に含まないとわからなそうですが、いつものようにまずは香りから。穀物のフレーヴァーが強いですね。樽はバーボン、シェリーカスク両方のニュアンスがあります。

1本目ですし、香りの段階ではスコットランドのブレンデッドとの判別は難しいと思いますが、早速飲んでみましょう。オイリーですよね……？　**とろりとした口当たり**なのは一目（一口？）瞭然です。これがポットスティルの特徴です。

なんと、ブレンデッドの1本目でなんとなく掴めてしまいました。さらりと軽やかなグレーンとブレンドされていてもこれだけはっきりわかる……ということは、ポットスティル単体はどれだけとろとろしているか気になってきませんか？

シングルポットスティルは後半で扱うとして、まだ序盤も序盤なので、「ジェムソン」ではとりあえず、このとろりとした質感を理解していただければ十分だと思います。

細かく触れていませんが、酒質がクリーンなのもお分かりいただけましたよね？

「ブッシュミルズ《Bushmills》・ブラック《Black》ブッシュ《Bush》」【ブッシュミルズ】

続いてブッシュミルズ蒸留所のブレンデッドに移ります。「ブラックブッシュ」はシェリーカスクらしい香りが優勢です。ドライフルーツまではいかないまでも、ベリー系のフルーツや、チョコレート、そしてこの価格帯にもかかわらず、シェリーそのものの香りもあります。香りがリッチですね。

そして、先ほどの「ジェムソン」も香りの段階ではスコットランドのブレンデッドとの違いをはっきりと言うのは難しかったのですが、今回はさらに難しい。なんなら飲んでみてもわかりづらい。「ブラックブッシュ」はモルト、グレーンのブレンドなので当たり前と言えば当たり前です。違いはどこにあるのでしょうか。

まず、一番わかりやすいのは「ピート香の有無」ではないでしょうか。スコットランドでは、複数の蒸留所で造られたものをブレンドしていて、ほとんどの銘柄に少なからず、ピートを焚いている原酒が含まれています。一方、ブッシュミルズはノンピートのモルトを造っているので（アイルランドは基本的にノンピートです）、もちろん**スモーキーなニュアンスはありません**。

そしてブッシュミルズに関しては**モルトが3回蒸留**でした。スコットランドは3回蒸留の蒸留所はほとんどなかったので、これも違いを探す手掛かりになりそうですね。「ブラックブッシュ」はモルトの比率が80％ととても高いのでこの違いも見つけやすいと思います。

「タラモアデュー《TULLAMORE DEW》」【タラモア】

「タラモアデュー」はモルト、ポットスティル、グレーンが全て使用されています。「**アイリッシュで最もスムース**」と称されているような銘柄なので、そのイメージを持って飲んでみましょう。ハチミツやシリアル、リンゴやヴァニラといったバーボンカスク由来の香りが優位です。

3本目ですが、やはりこちらも、現段階では、香りでスコットランドのブレンデッドと区別するのは難しいかと思います。

しかし、ポットスティルが使用されています。そこを糸口に探ってみましょう。ポットスティルはジェムソンでしか経験していませんが、3タイプの原酒が使用されていることがヒントです。間をとって「**そこそこオイリー**」になりそうですね。

飲んでみても、ジェムソンほど強くないにせよ、オイリーな質感は感じられると思います。バーボンカスク主体なこともあり、ジェムソンよりも軽やかで、スムースな印象がありますね。最初にお話しした通りのキャラクターです。

「バーボンカスク主体」と申しましたが、実はシェリーカスクも使用しています。ただ要素が大人しい……。「言われてみればなんとなく」くらいのレベルです。

「キルベガン《Kilbeggan》」【キルベガン／クーリー《Cooley》】

「キルベガン」も軽やかなことが特徴のブレンデッドです。ただ1つだけ、好みが分かれる独特なフレーヴァーがあるので、一度飲んでみてから購入することをお勧めします。

この独特な風味は、「**靴磨き**」に例えられることが多いのですが、私としては「**粘土**」の方がしっくりきます。どちらでもいいのですが、一度飲んでいただけると、とにかく何かしらこれまでと異なる香りを感じると思います。味わいでも黒糖のような、これまでとはやや異質なテイストがあります。

もちろん基本的な構成は、他のウイスキーと共通していて、リンゴやレモン、モルト、ナッツといったバーボンカスクらしいフレーヴァーが主体です（実際にバーボンカスク１００％です）。ただ、そこにこの特徴が加わるので、少し不思議に感じられるかもしれません。

ボディの軽さは、おそらくこれはグレーンの比率が多いところによるものだと思います。ポットスティルは使用されていないので、とろりとした質感はありません。

シングルモルトウイスキー

次にシングルモルトを見ていきます。冒頭でもお話ししたようにスコットランドのものとの違いをはっきりと言い当てることは難しいです。華やかで、酒質も穏やかなことが多いので、スペイサイドみたいな要素もあるんです……。サンプルも少なく、「この特徴があればアイルランド……」というようにもいかないので、ブランドごとに見ていきましょう。

蒸留回数の復習も兼ねて、まずは【ブッシュミルズ】、【ターコネル】を飲んでみます。それから、ピートを効かせた特殊枠の【カネマラ】に進みましょう。【ターコネル】についてはほとんど出会う機会がないと思うので、軽く触れるだけにしましょう。

「ブッシュミルズ《Bushmills》・シングルモルト《Single Malt》10年」【ブッシュミルズ】

「ブラックブッシュ」とは異なり、「ブッシュミルズ・シングルモルト10年」はバーボンカスクが主体です。原酒の個性はわかりやすそうですね。しつこいようですが、**3回蒸留**。スコットランドでも3回蒸留はサンプルがほとんどなかったので、貴重な銘柄と言えます。

やはり、味わいは【オーヘントッシャン】（165ページ）に近いニュアンスです。特に「アメリカンオーク《American Oak》」は3回蒸留かつバーボンカスクなので似ていますね。しかし、香りのフルーツの要素に注目してみてください。【オーヘントッシャン】ではレモンのような柑橘系の香りが優位でしたが、こちらはリンゴや洋ナシのようです。スペイサイドでよく感じたフルーツたちですね。【グレンフィディック】（91ページ）や【グレングラント】（97ページ）を思い出してください。

香りの要素は近いですが、やはり酒質としてはスペイサイドとは異なり、ライトでクリーンな3回蒸留の性格が強く出ていると思います。

そして、3回蒸留のもう1つの特徴である「熟成が早く進む」点についてはどうでしょうか。個人的にはこれもしっかり当てはまっていると感じます。10年表記にしては、樽由来のヴァニラやハチミツの風味もしっかりありますし、丸みも帯びているような印象です。

こう考えてみると、香りは「**ザ・グレンリヴェット12年**」が近いかもしれません。いずれにせよスペイサイドらしい華やかな香りがあり、3回蒸留らしいライトなボディを持つお酒です。

「ターコネル《TYRCONNELL》」【クーリー《Cooley》】

「**ターコネル**」は2回蒸留です。そのため、さらにスコットランドと区別するのが難しくなります。レモンやライムのような柑橘の香りがあり、モルトやハーブ系の爽やかさもあります。スペイサイドやローランドに似ていますね。

ここまで2本をご紹介しましたが、やはり「アイルランドらしさ」というのは見つけづらいのではないでしょうか。というよりも「ここがスコットランドと違う」というのも明確ではないのです。こういう理由もあり、アイルランドのシングルモルトはブラインドテイスティング（利き酒）では難関だったりします。

そうは言っても判断材料になりそうな点が全くないわけではありません。アイルランドでは、ボディが軽めのものが多いので、スペイサイドやローランド的な酒質になることは多いですが、中央ハイランドのようなフルボディになることはまれです。テロワール的な側面もあるかもしれませんが、大きなポットスティルを使用することが多いのが理由の1つだと思います。

「カネマラ《CONNEMARA》」【クーリー《Cooley》】

「カネマラ」は**アイルランド唯一のピーテッドスタイル**です。アイラと比較したいのですが、やはり最も大きいのは「塩気の有無」だと思います。本書では取り上げていないのですが、「スペイサイドの蒸留所が造るピーテッド」に近い印象です。**【ターコネル】**がスペイサイドっぽかったので当たり前と言えば当たり前ですね。

やはりこちらも「これぞカネマラ」という特徴はあまりないと思います。とにかくアイラと違うことさえわかれば、ここは十分ではないでしょうか。強いて言うなら、これまでにはあまり感じることのなかったグリーントーンがあることが珍しい点ですが、これもスペイサイドなどと共通だったりします。

エントリーレンジは、そのままの名前の「カネマラ」ですが、本領発揮は上級ラインの「12年」からという印象です。ただし、表記年数の割には高価なので、一度飲んでみてからご検討ください。スタンダード品でティピシテを明確にできなかった私は、今「12年」で挑戦中ですが、いまだに勝ち筋が見えていません。先は長そうです……。

シングルポットスティルウイスキー

最後にシングルポットスティルについてです。ということは蒸留所は……？【ミドルトン】ですね。さすがにしつこいですか。「シングル」の多くは限定品なので、定番商品のレッドブレストを取り上げようと思います。

「レッドブレスト《REDBREAST》12年」【ミドルトン《Midleton》】

「レッドブレスト12年」は香りの時点で、既にこれまでと別物です。**重たい**ですね。これまでスコットランド→アイルランドといろいろなウイスキーを飲んできましたが、はっきり言って異質です。風味の絶対値も大きいですし、アメリカンのような香ばしさ、力強さもあります。桃やバナナ、少しだけベリー系のニュアンスもあります。ヴァニラ、パプリカパウダーのようなスパイス香やチョコレート菓子もあり、とても複雑。樽はバーボン、シェリーカスクどちらも使っていそうですね。

香りでうろたえていても先に進めないので、飲んでみましょう。味わいもこってり。例のとろりとした質感もあるので、文句なしのフルボディです。「重厚」、「堅牢《けんろう》」、そんな言葉がぴったりのお酒ですね。

お忘れないですか？　ポットスティルウイスキーは3回蒸留で造られています。これまで「ライトでクリーン」などと説明していたのですが、これを飲んだらそんなこと忘れてしまいそうですね。これまでの3回蒸留と全くの別物です。

とろりとした口当たりはポットスティルウイスキーの特徴なので良いとして、この重厚感はどこから来るのでしょうか。3回蒸留にもかかわらず、この強さ。「原料に由来する」としか言えないのですが、他のシングルポットスティルウイスキーもおおよそ力強いタイプです（ここまでずっしりしているのは珍しいですが）。

3回蒸留で熟成が早いため、樽の影響を強く受けている、というのもありそうです。食後酒なんかに良さそうですね。

アイリッシュウイスキーを知るための3本

さて、アイルランドが終わりました。ポットスティルが含まれていれば、「アイルランド感」はわかりやすいと思います。とろりとした質感を探してみてください。最後の「レッドブレスト12年」のパワーも特徴的で理解しやすいのではないでしょうか。

逆に、シングルモルトは難しかったですね。経験を積まないとスコットランドのものと区別がつきづらいですが、「アイルランドらしさを探す」というよりは、「各蒸留所のティピシテを探す」という方向性で親しんでみてください。ここでは、ブレンデッド、シングルモルト、シングルポットスティルから各1本ずつチョイスしました。ポットスティルはアイルランドにしかない味わいなので1、3は何とかして飲んでみてほしいところです。

「レッドブレスト12年」を気に入った方はぜひ他のシングルポットスティルも…と言いたいところですが、流通が多くないので難しいかもしれません。

実は、この力強い味わいはアメリカンウイスキーに共通するものもあります。「原料も製法も違うのに……」と思われるのはもっともですが、どういうわけか近い部分があるんです。もちろん細かいニュアンスなどは全く別物ですが……。

ということで、今すぐに躍起になって他のシングルポットスティルを探す必要もないので、本書を一通り読んでみて、「やっぱりアイルランドが好き！」となったら探し始めてみる、くらいでも良いような気がします。

1　ジェムソン

まずはどこのバーにもあるこちら。リーズナブルですが、ポットスティルの質感はやんわりと味わうことができます。ここでは、1本目に最も見つけやすいのであろう「ジェムソン」を挙げていますが、「ジェムソン」にはシェリーカスクに由来するお化粧が少なからずあります。バーボンカスク主体のよりニュートラルなもの、例えば「タラモアデュー」なんかは比較的見つけやすいので試してみてください。

2　ブッシュミルズ・シングルモルト10年

もし、スコットランドと区別がつかなくても、3回蒸留の貴重なサンプルです。見方をシフトすれば、得るものはあると思うので、ぜひ飲んでみましょう。既にご紹介した「ブッシュミルズ・ブラックブッシュ」もモルトウイスキーが80%と、とても高い割合で含まれているので、3回蒸留のニュアンスを経験するにはとても良いボトルだと思います。お手頃ですし、なんといっても高品質です。

3　レッドブレスト12年

これまでにはなかった重厚感をぜひ経験してみてください。「ジェムソン」でもポットスティルのエッセンスはありますが、「シングル」の方も飲んで、質感以外の部分もぜひ理解してもらえたら、と思います。この男性的な「力強さ」を気に入った方は、アメリカの章も楽しんでいただけると思います。もちろん、他のシングルポッドスティルに出会う機会があれば、そちらもぜひ。

［お口直しのコラム3］

世界最古の蒸留所

世界最古の蒸留所と言われて名前が挙がるのは【ブッシュミルズ】と【キルベガン】です。

ボトルを見てみると、【ブッシュミルズ】は「1608年創立」、【キルベガン】は「1757年創立」と記載されています。諸説あるようですが、【ブッシュミルズ】の方は来歴が不確かな点があり、【キルベガン】を「世界最古の蒸留所」とするのが現在の主流です。

意外や意外、最も古い蒸留所はスコットランドではなく、アイルランドなんですね。

急に歴史のお話をしましたが、【キルベガン】のことを補足したかったので、このような掴みをしてみました。【クーリー】と【キルベガン】の関係性、わかりづらかったと思うので、しっかりご説明します。

【クーリー】と【キルベガン】は姉妹蒸留所で、グレーンは【クーリー】のものをシェアしていました。なぜこのような関係なのかというと、実は、【キルベガン】では長い間ウイスキー造りは行われておらず、【クーリー】の熟成庫として使用されていたんです。

2007年に【キルベガン】で、蒸留が再開されたものの、この時は仕込みや発酵は【クーリー】で行われていました。2010年にようやく、それらの設備も導入され、全ての工程を【キルベガン】で行えるようになったという経緯があります。とはいえ、ポットスティルが2基あるのみで、連続式蒸留器はないので、グレーンは【クーリー】のものを今なお使用している、ということです。

【キルベガン】のみで造られたウイスキーもあるようなのですが、日本には入ってきていません。実質、原酒のほとんどが【クーリー】産なので、本によっては「クーリー蒸留所の1ブランド」として扱われていることもあるくらいです。本書でも【クーリー】の姉妹蒸留所というような扱いで捉えていこうと思います。

chapter4

Admire the delicacy of Japanese whisky.

4杯目 ジャパニーズウイスキーを嘆《たん》ずる

ジャパニーズウイスキーを飲む

ジャパニーズウイスキーのお品書き

3番目に取り上げるのは日本です。

スコットランドやアイルランドにはウイスキーにまつわる法律があり、定義も細かく決まっていますが日本では、法律におけるウイスキーの規定は曖昧で、定義はほとんどないと言っても過言ではありません。

実は、本書を執筆していて、何を取り上げるか最も迷ったのが日本でした。というのも、商品が品薄で、供給があまりに安定していないのです。そして、リリースされているものでも人気銘柄はほとんど手に入らない。いかにジャパニーズが人気を博しているかわかりますね。プレミアもついて、えげつない価格になっていたりします。

ただし、有名銘柄は、優先的に飲食店に卸されているようなので、ボトルで購入できなくともお店で飲むことはできると思います。数年前だったらページ数も倍くらいになっていたような気もします。それくらい、いろいろなボトルが入手できなくなってしまいました。

実は、近年、日本には蒸留所が数多くオープンしていっています。とはいえウイスキー造りには時間がかかるので、それらからはまだ長く熟成されたウイスキーのリリースはありません。飲めないものを長々紹介しても仕方ないので、お店で飲める有名銘柄と大手以外の蒸留所の中でも入手しやすいものをご紹介していきます。

序盤に5大ウイスキーについて説明したときに、ジャパニーズは「スコッチに近いのですが、繊細で優しい味わいながら、樽のニュアンスが強めに出ていることが多いです」というようにお話ししました。

「スコッチに近い」のは、原料も共通していますし、造り方を踏襲しているので、まあそうでしょう。「繊細で優しい」というのは……正直、銘柄次第という感はあるのですが、「樽のニュアンスが強め」というのは説明がつくのでご案内します。

成分が溶出してウイスキーに樽由来のフレーヴァーが付くのでした。小さい樽の方が内容量あたりの接触面積が小さくなり、この工程が早く進む、なんていうのもありましたね。その他に、樽熟成を行う「温度」もこれに影響を与えます。

世の中、大体のものは液体の温度が高い方が溶けやすいです。ホットコーヒーに砂糖を入れたらすぐに溶けてくれますが、アイスコーヒーには溶けません。樽の成分も同じで、暖かいところで熟成すると溶け出しやすくなります。**日本はスコットランドよりも温暖なので、もし、同じ樽を使ったら、その影響を強く受けることになるのです。**コーヒーのように極端な温度の違いではないですが、10年も20年も経ったら、やはり違いは出てきます。

しかし、ここでも問題が出てきます。多くのジャパニーズはノンエイジで、熟成年数が分かりません。そのため、この「樽のニュアンス」の知識も運用するのは難しいので、「若いはずだけど樽の風味は強めかな？」くらいの捉え方で大丈夫です。


ジャパニーズは会社ごとに見ていくのが良いと思います。

まずは、ジャパニーズの2大巨頭、サントリーとニッカから始めたいのですが、その前に、少しだけ歴史のお勉強をしましょう。

歴史の話はここまでほとんど取り扱っていませんが、ここだけは例外です。実は、この2社は非常に関係が深く、その関係性が味わいにも影響しているので、今回だけは少しだけお話をさせてください。

「日本ウイスキーの父」である**竹鶴政孝**氏は、摂津酒造《せっつしゅぞう》→サントリー→ニッカという順にいくつかの酒造メーカーで働いていました。正確には当時は別な社名でしたが、混乱してしまうので、現在の名前を使わせてください。

竹鶴氏は、摂津酒造時代に、ウイスキー造りを学ぶために、スコットランドに留学します。しかし、帰国後、摂津酒造のウイスキー造りの計画が頓挫《とんざ》。そこで、当時のサントリーのボスである**鳥井信治郎**《とりいしんじろう》氏が、蒸留技師として竹鶴氏を迎え入れることになります。こうして、1923年、日本で最初の蒸留所である**【山崎《やまざき》蒸留所】**が完成。その後、竹鶴氏は独立し、自身の会社であるニッカを創業し、**【余市《よいち》蒸留所】**を創業しました。

さて、かなりコンパクトに両社の関係をご紹介しましたが、ほとんど竹鶴氏の略歴のようになってしまいました。これを読んだだけだと、どこが味わいに影響しているのかさっぱりわかりませんが、実は「竹鶴氏の独立」がキーワードになっています。

ご存知の通り、スコッチで広く使われているピートは癖が強いです。そこで、サントリーの鳥井氏は「スコッチに寄せ過ぎなくとも、日本人の感性でウイスキーを造る」という方針でしたが、一方の竹鶴氏は「スコッチのような本格的なものを日本で」という考えであったため、意見が分かれてしまったとされています。

スコットランドの造り方を踏襲しつつ、日本人にも受け入れられるような味わいを目指したサントリーと、よりスコッチらしさを追求したニッカ。今や、その両方が世界的に認められているウイスキーの会社となり、5大ウイスキーの一角を担っているわけです。

そして、面白いのはこのような方向性が、現在も受け継がれていること。実際に蒸留所の方がどう考えているのかはわからないですが、私は、ご紹介した内容そのままのイメージを持っています。

日本の蒸留所とブランド

それでは、会社ごとに日本のウイスキーを見ていきましょう。

日本はどちらかといえばスコットランド方式に近く、モルトを造っている蒸留所ではモルトだけを、グレーンを造っている蒸留所ではグレーンだけを造っており、それを会社単位でブレンデッドにしています。そのため、会社名、蒸留所、ブランド、という順番でご紹介します。

また、ブランドの下にウイスキーのタイプを付記しておきます。

・SM＝シングルモルト
・B＝ブレンデッド
・VM＝ヴァッテッドモルト
・SG＝シングルグレーン

それと、日本の場合、樽のデータが得られないケースがほとんどです。様々な樽をヴァッテッドしてウイスキーを造ることが多いので、細かくなり過ぎてしまうんですね。そのため残念ながらデータの記載はほとんどありません。

〈日本の蒸留所〉

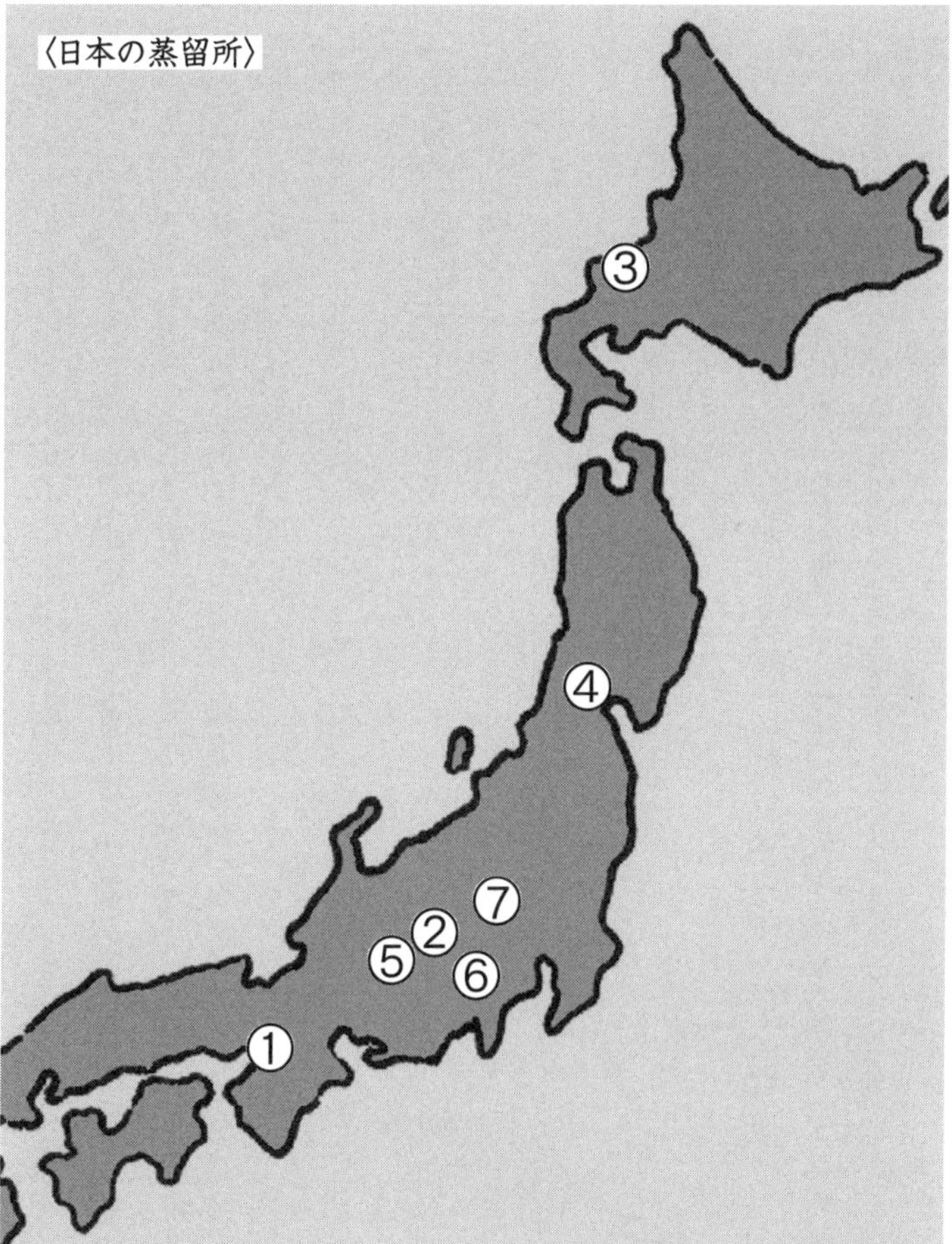

①山崎蒸留所／②白州蒸留所／③余市蒸留所／④宮城峡蒸留所／⑤信州蒸留所／⑥富士御殿場蒸留所／⑦秩父蒸留所

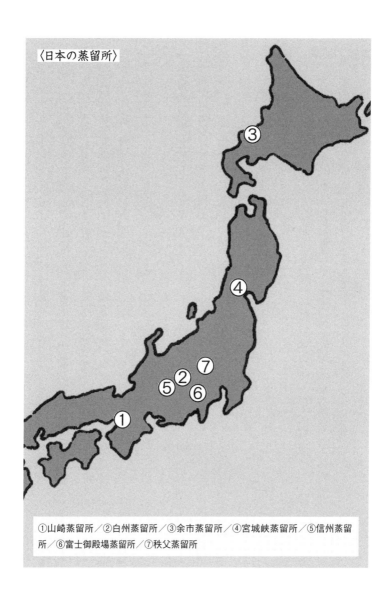

サントリー

先ほど「銘柄次第」と言いましたが、**サントリーは「繊細で優しい」ウイスキーが多い**です。これは先述のように日本人向けを目指していることが理由かもしれません。

大きさ、形状が異なる複数のポットスティルで蒸留を行い、様々な樽で熟成を行います。そして、やはり細かい情報は公開されていないので、どの風味が何に由来するかを判断するのは困難です。

【山崎蒸留所①】

日本初の本格ウイスキー蒸留所で１９２３年に建設されました。ポットスティルの形状や加熱方法、発酵のタンクの材質、そして熟成に用いる樽を多様にすることで１００種類以上の原酒を生産しています。

【白州《はくしゅう》蒸留所②】

１９７３年建設のサントリーの第二蒸留所。同社の「南アルプスの天然水」の工場が併設されていることからもわかるように名水地です。【山崎蒸留所】同様、様々な形状のポットスティルを用いて原酒を造り分けています。あまり知られていませんが、連続式蒸留器もあり、グレーンウイスキーも生産しています。

〈山崎（SM）〉

やはり詳細は不明ですが、バーボンカスクのほかにミズナラ、ワインカスクなど複数の樽をヴァッティングしているようです。レギュラーボトルも色合いがやや赤みがかっているのが分かると思います。

香りでもイチゴのようなベリー系の香りがありますね。シェリーカスクのようなドライフルーツではなく、フレッシュなイチゴ。この辺りはワインカスク由来と考えられます。ハチミツやヴァニラなどバーボンカスク系の香りもしっかり感じます。

ミズナラカスクはちょっと難しいのかな？　と思いますが、お香のようなオリエンタルな香り。「白檀」などと表現されますが、英語の「サンダルウッド」の方が馴染みがあるかもしれません。アロマテラピーなどで登場します。気になる方は、精油か何かで経験してもらえると良いと思います。

〈白州（SM）〉

グリーンのボトルのイメージ通りの爽やかな風味。きれいなグリーントーンが特徴です。白州のテロワールに由来するものでしょう。スコットランドでいう**【グレンフィディック】**（91ページ）に近い印象の優しい味わいで、フルーツの質もリンゴや洋ナシなど共通する要素があります。

大きく違うのは、かすかにピートが香ること。これまでフェノール値が低いものでは、スプリングバンクやハイランドパークの10程度でした。厳密な数字はわからないのですが、体感だと、白州はそれよりもさらに弱く感じます。

〈知多（SG）〉

シングルグレーンなので、他の3ブランドと比較すると、やはり個性には乏しいです。コマーシャルなどを見ても、ハイボール推しという印象ですが、個人的には**「グレーンウイスキーの入門」としてお勧め**です。「初めて飲んだグレーンウイスキーが知多」という方も多いと思いますし、ぜひ最初はストレートかトワイスアップで飲んでみてください。

〈響（B）〉

もともとはミズナラカスクをふんだんに使用した、オリエンタルな香りのある上品なボトルが多かったのですが、現行の「**ジャパニーズハーモニー**《JAPANESE HARMONY》」ではそれらの香りが控えめになってしまいました。代わりに、よりフレッシュに。アルコールの刺激もありません。これまでと同様に、柔らかく、奥深い味わいは受け継がれています。

飲食店限定ですが、「**ブレンダーズチョイス**《BLENDER'S CHOICE》」というボトルもあり、こちらはワインカスクで後熟したボトル。これまでのミズナラ系統ともまた異なるタイプですが、お店で見かけたらぜひ飲んでみてください。

ニッカ

すでにお話ししたように、ニッカはしっかり目のスコティッシュスタイル。

その中でも、**【余市】**と**【宮城峡《みやぎきょう》】**、2つの蒸留所で目指している地域が異なるそうです。

【余市蒸留所③】

1934年に建設された、ニッカの第一号蒸留所。**石炭を用いた直火の蒸留**は世界でここだけです。この製法からは香ばしい味わいが生まれるとされています。

【宮城峡蒸留所④】

第二蒸留所の**【宮城峡蒸留所】**は1969年創設。こちらはスチームによる間接加熱なので、繊細なキャラクターになります。ポットスティルが大きいことも理由の1つでしょう。**【宮城峡蒸留所】**には連続式蒸留所があり、グレーンウイスキーが生産されている他、このポットスティルを用いて「**連続蒸留で造られるモルトウイスキー**」というちょっと変わったものも生産しています。銘柄は「カフェモルト《COFFEY MALT》」というものですが現在休売中です。

〈余市（SM）〉

ニッカ第一号蒸留所の**【余市蒸留所】**は、スコットランドの「ハイランド」を意識し、力強いモルト原酒を造っています。とは言っても、100年前のお話なので、スコットランドのウイスキーも変化しています。当時はハイランドであっても、今よりピートを強く焚いていたと考えられていますが、正確なことはわかりません。当時は「フェノール値」なんて概念もないですし……。少なくとも、現代では、「アイランズ」や「キャンベルタウン」に近い印象です。

つまり、ピートを焚き込んでいますが、アイラのように前面に出たものではなく、イメージ的には**【スプリングバンク】**（170ページ）や**【タリスカー】**（185ページ）くらい。立地も海沿いなので、例にもれず、海由来の潮気がありますが、これも先述の2地域と共通しますね。

〈宮城峡（SM）〉

【余市蒸留所】に対して、第二の**【宮城峡蒸留所】**は「ローランド」的。今でこそ少なくなってしまいましたが、当時、ローランドにはたくさんの蒸留所がありました。バランスが良く、軽やかな原酒を造っていますが、華やかな要素もあるので、私の中では、「**ローランドとスペイサイドの中間**」くらいのイメージです。

宮城県は海に面していますが、蒸留所は内陸部にあるので、**【余市蒸留所】**のような潮気はありません。

〈竹鶴（VM）〉

先述の2つのモルトをヴァッティングして造られます。双方のいいとこどりで、お値段もリーズナブル。当たり前のように品薄で、年数表記のものは終売となってしまいプレミア価格になっていますが、このくらいが妥当な価格な気もしてしまうくらい出来の良いボトルです。ノンエイジは比較的手に入りやすいので、探してみてください。

マルス

竹鶴氏に関係の深いもう1つの蒸留所。竹鶴氏をスコットランドに派遣した上司の岩井喜一郎《いわいきいちろう》氏が後に興したのが【信州蒸留所《しんしゅうじょうりゅうじょ》】。現在は【津貫蒸留所《つぬきじょうりゅうじょ》】もオープンしています。

【信州蒸留所⑤】

1985年に創立されましたが、その後ほどなくして蒸留は休止されていました。再開は2011年。そのため現在は比較的、若いウイスキーのリリースが多いです。

〈越百《こすも》(VM)〉

「ブレンデッドモルトウイスキー」表記なので、【信州蒸留所】のもののほかに、どこかしらのモルトウイスキーがブレンドされていると考えられます。ブレンドしていなかったら、次にご紹介する〈駒ケ岳《こまがだけ》〉同様、「シングルモルトウイスキー」表記でいいので。

非公開なので、いろいろな憶測が飛び交っているのですが、〈越百〉がリリースされた当初は【津貫蒸留所】では蒸留もまだ行われていなかったはずなので、【津貫蒸留所】のモルトという線はなさそうです。中身はやや不明な部分もありますが、ほとんど【信州蒸留所】の原酒と考えて問題ないと思います。

キャラメルやハチミツなどの樽由来の香りが優勢にもかかわらず、穀物系の香りもしっかりあります。個人的には焼き芋のような香ばしい香りが特徴的だと感じていますが、皆さんはいかがでしょうか。

味わいはまろやかですが、香りに少しだけ若い風味を感じます。ただ全体としてはそのほかの大手と比べても、同じくらいの水準だと思います。お値段も比較的リーズナブルですし、安定して購入できるのも魅力の1つです。

〈駒ヶ岳(SM限定品)〉

限定品ですが、ご紹介します。というのもこれまでに幾度もリリースがあり、今後もちょくちょく出てくると考えられるためです。

近年は、シングルカスクでのボトリングが多いので、各リリースでピートレベルや、樽熟成などコンセプトが異なり、味わいを一概に言うことはできません(ピートレベルまで違うとさすがに……)。

なかなか難しいとは思いますが、ロットごとの違いを楽しむ、というのが良いと思います。機会があったら、しっかり味わいを記憶して、次のリリースを待ちましょう。

キリン

キリンビールとカナダのシーグラム社、スコットランドのシーバスブラザーズ社が合併し、1973年に【富士御殿場蒸留所】が創設されました。
グレーンウイスキーの生産にはシーグラム社、モルトウイスキーの生産にはシーバスブラザーズの技術が提供されています。

【富士御殿場蒸留所⑥】

先述の通り、モルト、グレーンの両方を生産する複合蒸留所です。ポットスティルは【ストラスアイラ】を参考にしているため、スコットランドで一般的に使われるものとほとんど同じです。その他に3種類の連続式蒸留器を有し、様々なタイプのグレーンウイスキーを生産しています。

〈富士山麓〉
以前は様々なラインナップがありましたが、現在はポートフォリオが減ってしまい、出会う機会も少ないのでボトルの紹介は割愛させてください。

ベンチャーウイスキー

少量生産で、カルト的な人気がある蒸留所です。滅多にお目にかかれませんが、会社、銘柄だけはご紹介します。ユニークな樽熟成を行ったり、実験的なリリースもあるのですが、少なくとも私がこれまで飲んだ中にはずれは一切ありませんでした。

【秩父《ちちぶ》蒸留所⑦】

2007年創設と比較的新しい蒸留所ながら、世界中から注目を集めている蒸留所です。最も大きな特徴は**ミズナラ製の発酵槽**。これは世界で唯一です。またポットスティルも極めて小さいサイズで、しっかりとした酒質の原酒が生まれます。

〈イチローズモルト〉

シングルモルトは、シングルカスクなど限定品としてのリリースも多く、数も少ないので、まあ手に入りません。お店で見つけたら高くても試すべき銘柄だと思います。

ウイスキーにまつわる日本の法律

法律についてはジャパニーズウイスキーの導入でも少し触れましたが、なぜこれで1項目にしようと思ったのかというと、皆さんに注意してほしいことがあるからです。

実は、5大ウイスキーの中でも日本の法律は特殊、というかガサツ過ぎるんです。例としては「大部分を日本で造っていなくてもジャパニーズを名乗れる」など。カナダの9・09％なんてレベルじゃありません。細かくは述べませんが、その他にもいろいろな荒い部分があるんです。

気を付けてほしい、というのはこういう「法律の穴」を狙ったどうしようもないウイスキーがあるからなんです。ジャパニーズの人気にあやかって、こういうウイスキーが量産されています。他所から原酒を引っ張ってきて、それっぽい漢字の名前を付けて、それっぽい和風なラベルをつけたら完成です。

おそらく、日本語を読めない海外の方をターゲットに造ったのかと思います。しかし、驚くべきことに、日本人もまんまと引っかかり、プレミア価格になっていたりするので、何とも言えない気持ちになります。日本語を読める皆さんは気を付けてくださいね。

もちろん全部が全部そういうわけではなく、しっかりと造られている生産者の方もいるのですが、こういったウイスキーによって、風評被害にあわれないことを祈っております。

日本を知るための○本……今回は選べませんでした

章末でご紹介している「○○知るための○本」ですが、今回は選べませんでした。というのも、再三お話ししているように、ジャパニーズは手に入らない銘柄が多過ぎます。なので、ここでボトルを指定してしまうと、なかなか飲む機会に巡り合えず、次に進めない、ということになりかねません。こういった事態を回避するために、今回はあえて銘柄を指定しないことにしました。

とはいえ、やはり日本に住んでいる以上、ジャパニーズには親しんでいただきたいので、ぜひバーで見かけた銘柄を試してみてください。

可能であれば、サントリー、ニッカ、マルスのような大御所から始めて、その後、少量生産の蒸留所に進んでいくのが良いと思いますが、そんなにスムースにはいかないかもしれません。今はとりあえず、飲めるものだけ飲んでみて、供給の安定や、新興蒸留所の活躍を待つのが、通な楽しみ方かもしれません。

先述のように、まさに今、日本国内でいくつもの蒸留所が創設されています。しかし、まだリリースが少なく、流通も安定していない印象を受けたので、本書ではご紹介するに至りませんでした。そもそもサンプルが少なすぎる上に、手に入りづらいのです。

ご存知のようにウイスキー造りには長い時間がかかります。小さな生産者にあってはキャッシュフローの問題が生じてしまうわけです。

そこで、新しい蒸留所の多くがウイスキーをリリースできるまでの間、ニューポット（を短期間樽熟成させたもの）を先立って販売しています。これは現在でも購入可能（というより供給が安定してから販売中止になる可能性が高いです）なものがいくつもあるので、気になった方は探してみてください。

250ミリリットルや500ミリリットルなどのような小さな瓶で販売されていることが多いので、試しやすいと思います。

やはり、若さゆえのとげとげしさはあるのですが、ウイスキーになる前のニューポットの段階のものを飲む機会はなかなかないと思うので、私は見かけたら積極的に飲んでいます。

ちなみにスーパーや居酒屋さんでよく見かける〈角〉や〈トリス〉と言った銘柄のキーモルトにも【山崎蒸留所】や【白州蒸留所】のものが使用されているようですが、それらのエッセンスはわかりづらいように思います。わかる人にはわかるのかもしれませんが、蒸留所の個性などを見つけ出すのは私には難しいみたいです（そもそもデータも細かくは公開されていません）。

ただ、これらのお酒、普段飲みには十分ですし、私の中では「樽が～」とか「熟成が～」みたいな難しい話を抜きにして、まったりと楽しむ用のウイスキーという立ち位置です。

【お口直しのコラム4】

注目の台湾ウイスキー

ウイスキーは世界中で生産されています。近年は、新興蒸留所も多くあり、高評価を得ているところもあります。特に台湾が注目の地域。モルト主体のスコティッシュスタイルなので、ここでご紹介しますね。

ちなみに、新興蒸留所ではスコティッシュスタイルがほとんど。今のところアメリカンスタイルやアイリッシュスタイルでウイスキー造りを行っている蒸留所はなさそうです。

【カヴァラン】

2006年創立、2008年ファーストリリースという歴史の浅い蒸留所ですが、評価誌では軒並み高得点をマークしています。**【カヴァラン】**の台頭でまず驚かされたのが、「台湾のような亜熱帯で高品質なモルトウイスキー造りが行える」ということ。これまで「ウイスキー造りは気温の低いところでじっくり熟成させてこそ」という考え方が一般的でした。スコットランドをお手本にしたらそうなりますね。**【カヴァラン】**はこの常識を覆したのです。

暑い気候の下では、樽の成分が早く溶け出していきます。とはいえ、夏場の気温が40℃近くになる台湾で、スコットランドと同じように熟成を行っては樽の風味が強くなり過ぎる。そのために、**【カヴァラン】**ではフレーヴァーがゆっくり出る大きいサイズの樽を使用しています。暖かい地域なので、短い熟成期間でも樽の風味は十分に引き出されています。これを強くし過ぎないことがポイントの1つだそう。

また、**【カヴァラン】**は価格が安定していることも魅力の1つ。昨今は、人気の出たウイスキーは高騰しがちです。原酒が不足することが理由の1つなのですが、**【カヴァラン】**は熟成期間も短く済むこともあり、市場の需要高騰に現在も間に合っています。今後も注目されることは間違いないでしょう。

chapter5

Love the ruggedness of American whiskey.

5杯目　アメリカンウイスキーを慈《いつく》しむ

アメリカンウイスキーを飲む

アメリカンウイスキーのお品書き

今回のテーマはアメリカンです。これまでのモルト、グレーン主体のものとはがらっと変わりますよ。

アメリカで造られているものがアメリカンウイスキーと呼ばれます。アメリカンも法律で規定されている定義がいろいろありますが、こちらに関しては必要なものだけ後にご紹介します。

トウモロコシが主原料のバーボンウイスキーが有名でしたね。その他に、ライ麦が主原料のライウイスキー、小麦が主原料のホイートウイスキーについても第1章で触れました。生産量の95%はケンタッキー州のものですが、お隣のテネシー州で造られているテネシーウイスキーなんかもあります。

バーボン、ライ、ホイートは原料の比率こそ違うものの、そのほかの規定は全く同じです。なので、バーボンを主体に理解し、他の2つは原料違い、という見方で問題ないと思います。

まずは、バーボンを主軸に右記の3タイプを。その後、テネシー（バーボンのサブカテゴリです）をご紹介しようと思います。途中でコーンというのも取り上げていますが、マニアック過ぎるので、ちらっと眺める程度で大丈夫です。

早速バーボンに入っていきたいのですが、アメリカンについてお話を始める前に、1つお断りしておかなくてはならないことがあります。ここでも、わかりやすくするために、進め方を変えさせていただきたいのです。これには主に4つの理由があります。

①サイレントスピリッツに近いため、ティピシテが捉えづらい
②蒸留所あたりのブランド数が多い
③ボトルを見てもどこの蒸留所のものかわからない
④スコッチと比べると樽熟成のレパートリーが少ない

①サイレントスピリッツに近いため、ティピシテが捉えづらい

アメリカンのほとんどは連続蒸留に近い方法で製造されているため、主張の弱いサイレントスピリッツに近い酒質になります。そのため、スコットランドのシングルモルトほど明確な違いというのがありません。

②蒸留所当たりのブランド数が多い

アメリカでは1つのウイスキー蒸留所からたくさんのブランドが生産されている上、それぞれのレシピが異なります。

スコッチの時には同じ蒸留所のシングルモルトであれば、ニューポット自体は同じで、異なる熟成の仕方をとる、というような形でしたが、アメリカでは熟成の違いだけでなく、ニューポットの段階で全く別なものが、いろいろと生産されているため、蒸留所のティピシテが分かりづらい状況になっています。また、そのレシピが公開されていないこともしばしばあります。

③ボトルを見てもどこの蒸留所のものかわからない

そして、アメリカンをさらに難しくしているのが、ブランド名と蒸留所名を対応させるのが困難な点です。ボトルには記載がないものもあるので、いちいち調べる必要があります。これが結構厄介なので、本書では後半でリストアップしてみました。

④スコッチと比べると樽熟成のレパートリーが少ない

スコッチでは樽熟成に重きを置き、それぞれの蒸留所を見てきましたが、アメリカンでは「熟成は全て新樽」でしたね。サイズや木材の種類もほぼ同じです。そうなると、熟成年数や内側のチャー（焦がし方）などがそれぞれの特徴になってくるのですが、こちらも公表されていないことが多いです。熟成年数も非公開、ということも珍しくありません。

こういった理由があるので、これまでと同じ進め方はあまり適していないように思います。「地区ごと」、「樽熟成」による分類は相性が悪いので、まるっきり別な角度から見ていきます。そこで、本書ではレシピが分かっているもの（海外の文献などからも情報を引っ張ってきました）を主に選び、原料の比率が近いものごとに分類していくことにします。

また、データで味わいを予想しづらい分、「実際に飲んでみる」ことが重要です。そのため、今回は、これまでほど細かくテイスティングノートは載せていません。一から「香りは〇〇と□□、そのほかに△△……」という風にするとわかりにくくなってしまうことが結構あります。

「フルーツの香り」なんて言いますけど、フルーツの種類なんてたかが知れてますし……。全然違うタイプのウイスキーが似たようなテイスティングコメントになってしまったりするので、「アメリカンの中では〇〇が強くて……」という風に「括り」の中でティピシテを分けていくのがいいと思います。これだと、各ボトルの特徴も捉えられますし、その「括り」の幅もわかってきます。

バーボン／ライ／ホイートウイスキー

前置きが長くなってしまいましたが、始めていきましょう。

まずは原料ごとに分けていきます。アメリカンはトウモロコシ、ライ麦、小麦、そしてモルトを原料に使用しています。そして、糖化の工程に必須のモルトは全てのアメリカンに10％ほどずつ含まれています。つまり、残りの90％ほどが、そのほかのトウモロコシ、ライ麦、小麦で構成されていることになりますね。

このうち、51％以上をトウモロコシが占めるものを「**バーボンウイスキー**」、ライ麦が占めるものを「**ライウイスキー**」、同様に小麦が占めるものを「**ホイートウイスキー**」と呼びます（厳密には熟成についてなど、さらに規定がありますが）。まずは、これらの原料の違いで、出来上がる原酒にどのような違いが生じるかをご説明したいと思います。

①トウモロコシ………甘みが強く、まろやか、ニュートラル
②ライ麦……………スパイシーな風味があり、飲み口はオイリー、後味はドライ
③小麦………………マイルドで、ソフトな口当たり、華やか

おおよそこのようなイメージで大丈夫かと思います。

全てに含まれているモルトが分類に入っていませんが、これは糖化の過程で必要な酵素を得るための材料という側面が非常に大きいので、あまり気にしなくて大丈夫です。

ライ、ホイートに関しては出会う機会があまりないと思います。しかしながら、実際には、トウモロコシが主体のバーボンであってもレシピによって、それぞれの個性を楽しむことができます。トウモロコシ自体には甘みがあり、まろやかであるものの、癖がないため、アルコールを得るための原料という一面もあるそうです。ニュートラルなので、酒質としては、そのほかのライ麦や小麦による部分が大きくなります。

それでは、身近なバーボンを比較して、それぞれの原料の味わいを探っていきましょう。ここからは特に断りがない限り、バーボンについてのお話になります。お間違えの無いようにお願いします。

原料の比率は大体の場合、トウモロコシ：ライ麦（または小麦）：モルト＝80：10：10のように表記しますが、このレシピを「**マッシュビル**」と呼びます。

このマッシュビルは、先ほどお話ししたように10%ほどのモルトのほかに、70〜80%のトウモロコシ、10〜20%のライ麦または小麦、という構成が一般的で、ライ麦と小麦がブレンドされることはほとんどありません。そして、現在のバーボンではほとんどの銘柄でライ麦が使用されていて、小麦が用いられることはあまり多くありません。

まずは、それぞれの味わいを理解しやすいボトルを1本ずつご紹介します。全て超有名銘柄ですので、試しやすいと思います。ぜひ、バーで3種類を並べてみ飲んでみてください。

そこから各ボトルに近い系統のものを試していく、という方針がアメリカンの概要を知る近道だと思います。

トウモロコシ①「I・W・ハーパー・ゴールドメダル《I. W. HARPER GOLD MEDAL》」

「I・W・ハーパー・ゴールドメダル」は正確なマッシュビルは公開されていませんが、**トウモロコシが86%**と非常に高い割合で含まれています。10%ほどはモルトが含まれているはずなので、残りの数%はライ麦であると推定できます。トウモロコシが主体のバーボンの中でも、トウモロコシの占める割合が特に高いです。

1本目なので、「ニュートラル」と言われてもピンと来ないと思いますが、次にご紹介する2本と比べていただければ必ずわかっていただけると思います。

ライ麦のニュアンスは、比率がかなり低いので、わずかに感じる程度です。序盤も序盤なので、今感じ取れる必要はありません。いろいろなアメリカンを経験してから、改めて飲んでみてほしいです。

ライ麦①「ワイルドターキー《WILD TURKEY》8年」

「ワイルドターキー8年」は**トウモロコシ：ライ麦：モルト＝77：12：11**という比率で、今ご紹介している3本の中で、最もスタンダードなマッシュビルだと言えます。他の蒸留所のものと比べると少しだけライ麦の比率が高いです。

スパイシーなニュアンス、わかりますか？　ライ麦のフレーヴァーはわかりづらいと思いますが、ぜひ「ゴールドメダル」や、次の「メーカーズマーク」と比較して、スパイス感を見つけて、ライ麦香をインプットしていただきたいです。

この香りは多くのバーボンウイスキーにあるので、早いうちに理解してもらうと良いと思います。クローヴやリコリス、シナモンなどいろいろなスパイスに例えられますが、実際、ウイスキーに姿を変えてもライ麦そのものが一番わかりやすいです。ライ麦で作ったパンを食べてみるとより理解しやすくなると思います。

小麦①「メーカーズマーク《Maker's Mark》」

「メーカーズマーク」は**トウモロコシ：小麦：モルト＝70：16：14**。先述の通り、小麦を使用したバーボンは少数派なので、貴重な1本です。スーパーなどで購入できる点も魅力。

これまでと比べて華やかですよね。マーマレードやオレンジのリキュールのようなフルーツ。穀物の香りもしっかりありますが、ライ麦の「ワイルドターキー8年」と比較してスパイスらしさがないのがわかりますか？　穀物の香りと新樽の香ばしさがマッチしてクッキーのようにも感じます。

正直に言うと、「小麦を使うと～の香りがします」というのはあまりないんです。モルトも入っていますし、実生活で「大麦と小麦の香りの違い」なんて言われてもわからないですよね。

ただし、もう1つの原料であるライ麦はスパイスのような特徴的な香りがありますが、小麦を使用したものにはその個性が表れません。そして、小麦を使ったものでは華やかで、豊潤、口当たりがソフトなものが多い。この2点で「小麦らしさ」を認識することが多いと思います。

前者は「スパイスがないから小麦」というような乱暴なやり方ではありますが、ほぼ全てのバーボンは小麦とライ麦のどちらかしか使用していないので、これを特徴と捉えても大丈夫です。

「スパイスがない」というだけでは、トウモロコシ主体のバーボンにも当てはまりますが、小麦を使用した方が華やかで、豊潤さが増し、ボディが重くなることが多いです。やはりトウモロコシはニュートラル。この辺りは、1本目の「**ゴールドメダル**」と比較して早いうちに特徴を掴んでいただけると良いと思います。「**メーカーズマーク**」は特に豊潤で、樹液のような濃縮した風味があります。

それでは、実際に3本を比べてみましょう。3本は値段もさほど違わないのですが、「**ゴールドメダル**」はかなりボディが軽やかです。「男性的」と評されるアメリカンの中では、女性的なイメージ。2本目の「**バッファロートレース**」はライ麦のニュアンスがあるので、他の2本とはキャラクターが結構異なりますね。3本目の「**メーカーズマーク**」も女性的ではありますが、「**ゴールドメダル**」と比べると、こちらの方が細身ですね。樽のお化粧も薄めです。

全体的なアメリカンの特徴「サワーマッシュ」

さて、3種類のボトルを比較しましたが、それぞれの特徴をなんとなく掴むことはできましたか？

これまでモルト主体のウイスキーが続いていたので、印象がかなり異なると思います。共通するのは、**樽由来の香りが強いこと。そして除光液のような少しケミカルなフレーヴァーが特徴**です。

この香りは油性ペンやバナナのように感じる方もいるので、例のごとく、捉えやすい香りで理解していただければ結構です。この辺りのフレーヴァーって少し似ていますよね。

これまでのスコッチと比べて、酸を感じる香りがありませんか？　アメリカンウイスキーに多く見られる特徴の1つなのですが、ここで「**サワーマッシュ**《sour mash》」という製法をご説明します。

アメリカの仕込み水は硬水がほとんどで、pHが高過ぎる（酸が足りない）ので、酸度の高い蒸留廃液を少しだけ加えます。これにより、酵素が働きやすい環境を作るのと同時に、バクテリアの繁殖まで抑えることができます。

アメリカンの酸っぱい風味はこの製法に由来するとされていますが、ほぼ全ての蒸留所で使われている製法なので、「サワーマッシュの有無で味わいの変化を……」ということもできないのです。アメリカンを特徴づける単語として登場してしまい、触れないわけにはいかない気がしたので簡単にご紹介しました。

先述のように、ほとんどのバーボンはトウモロコシとライ麦、モルトで造られています。そのうち、トウモロコシの味わいを強く感じる「**I・W・ハーパー・ゴールドメダル**」、ライ麦由来の味わいが前面に出ている「**ワイルドターキー8年**」をテイスティングしました。トウモロコシとライ麦のニュアンスはそれぞれの比率によるところと、そこに熟成による深みや、樽のニュアンスの強弱によるところがあり、味わいが多様になっていきます。この2つの味わい、ぜひインプットしてくださいね。

それではそれぞれに近い味わいのものをもう1つずつご紹介します。3種類を比較したところなので、これらを軸に、次の3本を飲んでみてください。これまでの内容と照らし合わせながら飲んでいただくとなお良いと思います。

トウモロコシ② 「ベンチマーク《BENCHMARK》」

「**ベンチマーク**」もトウモロコシ由来の甘みが支配的ですが、「**ゴールドメダル**」と比べるとややライ麦様のスパイシーさも感じます。こちらのマッシュビルは**トウモロコシ：ライ麦：モルト＝80：10：10**。実際に「**ゴールドメダル**」よりトウモロコシの比率が低いです。結構スタンダードなマッシュビルですね。

樽熟成が短く、スパイス香はライ麦本来の部分が大きいと思います。結構、低価格帯のバーボンはこのような系統が多い印象です。つまり、スパイスが強過ぎず、トウモロコシのニュートラルな甘みのある味わいが主体のものです。正直に言うと、この辺りは銘柄ごとの特徴を捉えづらい価格帯だと思います。

ライ麦②「バッファロートレース《Buffalo Trace》」

ここで選んでいるくらいなので、「バッファロートレース」はもちろんライ麦系統の香りはしっかりあります。でも、実はこれ、右の「ベンチマーク」と全く同じマッシュビルなんです。やはりウイスキーは熟成によるところも大きいんですね。樽系の香りもかなり豊かで、ラベルのバッファローのような力強い印象を受けます。また、アルコール度数が5%高いことも加味しなくてはなりません。加水が少ないということですね。

少しコーヒー豆の様な香りもあります。市販されているコーヒー豆はロースト（火入れ）されて、焦げ茶色になっているわけなので、やはり、樽由来の香ばしさに由来すると考えられます。実際、ここの蒸留所は樽のチャーが比較的強めです。加えて、熟成期間も8年以上と長いので、このようなフレーヴァーが生まれているのだと思います。

小麦②「W・L・ウェラー《W. L. Weller》」

もう1つの小麦の味わいが特徴のものとして、「W・L・ウェラー」を飲んでみましょう。2本目なので、こちらは「ライ麦っぽいスパイシーさがないこと」に注目してみてください。マッシュビルは**トウモロコシ：小麦：モルト＝65〜75：15〜25：10**となっており、変動があるようですが、15%であれ、25%であれ、小麦の比率は高めに取られています。

やはりジューシーではないですか？　個人的には小麦系統は「樹液」のようなニュアンスがあると思っています。もちろん例のスパイスはあまりありません。香りの要素としては「メーカーズマーク」に近いですよね。比べると、こちらの方がやや細身な印象。クッキーのようなニュアンスもあり、親しみやすいです。

ライ麦のスパイスと樽由来のスパイス

さて、「ベンチマーク」、「バッファロートレース」、「W・L・ウェラー」の3本を飲んでいただいた方はもちろん、飲んでいない方も書いてある内容から全く味わいが異なることはご理解いただけたと思います。

そこで、種明かしなのですが、実はこれらの3本は全て同じ蒸留所のものなんです。2本目のブランドが蒸留所の名前そのもので、バッファロートレース蒸留所です。

最後の「W・L・ウェラー」のマッシュビルこそ違いますが、「ベンチマーク」、「バッファロートレース」などは、同じマッシュビルに基づいて造られています。それにもかかわらず、これほど味わいが異なってくる。「アメリカンは試してみて、経験値を積まないとわかりづらい」というのを体験していただくためにこのラインナップをご紹介してみました。

それでは、上の2つは同じマッシュビルにもかかわらず、なぜこれほど味わいに違いが生じるのでしょうか？

これには主に熟成工程が影響していると考えられます。ウイスキーは新樽からスパイシーな風味を得ていますが、この樽由来のスパイシーさと、ライ麦由来のスパイシーさは別物です。しかしながら、相乗効果でお互いのスパイスの風味をさらに引き出している、というのが一般的な考え方です。

右の例で言えば、熟成期間の短い「ベンチマーク」では樽からのスパイシーさが少なく、額面通りの10％相当しかライ麦のニュアンスがない一方、「バッファロートレース」は8年程度と、熟成期間が長く、樽由来の香りが強く出ているため、10％のライ麦を、それ以上に強く感じている、という考え方です。

一般的に長期の樽熟成を経たウイスキーは、時間も手間もかかっている上、「天使の分け前」も大きいので、熟成期間の短いものと比較すると高価になります。逆に言うと、**同じ蒸留所のブランドであれば、値段が高いものの方が熟成期間が長く、スパイシーな風味を強く感じるものが多い**ということです。

トウモロコシらしさを強く感じるボトルに安価なものが多く、ライ麦らしいスパイシーなものが比較的高価なのにはこういった理由があるのかもしれません。

さて、もう1本ずつ、3系統のボトルをご紹介しておきます。最後は少し変わり種からのご案内です。それぞれの比率をうんと上げてみましょう。これまでの比較的スタンダードなものと比べると新しい発見があると思います。

トウモロコシ③「プラットヴァレー《PLATTE VALLEY》」

ちょっとトリッキーなコーンウイスキーから。アメリカンの中では異質ですが、このタイプを好きな方は気に入ると思うので取り上げることにしました。コーンの細かな説明は一通りボトルのご紹介が済んでからじっくりするので、まずは味わいについてです。

「プラットヴァレー」、色が薄いですね。これは古樽を使用していることに由来します。香ばしい香りがあまりないのもこれが理由です。

これまでのボトルではあまり感じなかったトウモロコシっぽいフレーヴァー、ポップコーンみたいな香りがありますね。やや青っぽい香りもありますが、こちらは熟成期間の短さによるものと考えられます。樽のコーティングがない分、強めに出ているのでしょう。味わい的にもややピリッとしたアルコールの刺激があり、若い印象を受けます。

ちなみに今回こちらのボトルをチョイスしたのは、トウモロコシの比率が88%（残りの12%はモルト）で、初めの「ゴールドメダル」と比較しやすいからです。**比較のポイントは2点。①「新樽と古樽の違い」と②「数%のライ麦がどのような風味で表れているか」**です。ぜひ並べて飲んでみてくださいね。

ライ麦③「オールドオーヴァーホルト《OLD OVERHOLT》」

ここらでライも取り上げましょう。「**オールドオーヴァーホルト**」、飲んでみるとやはり、ライ麦香が全開です。ヴァニラもやや強め。正確なマッシュビルは公開されていませんが、ライなのでライ麦が51％以上です。

さぞスパイシーな、力強い味わいを想像してしまいますが、意外と優しいんです。香りの段階で面食らった方もいらっしゃるかもしれません。

まあ、熟成期間が3年と短く、樽由来のスパイスがそこまで多くないからだと思います。これまで「スパイス香はライ麦由来の部分と樽由来の部分が分かりづらい」と言っていましたが、樽のコーティングの少ない「**オールドオーヴァーホルト**」のスパイスはライ麦の純度が高いということです。

どうですか。こうやって並べてみると結構わかりやすいですね。本来のライ麦のスパイシーさは優しく、後味がドライ、爽やかなことが特徴です。一方、樽由来のものはもっと重たく、豊潤な味わいでした。

さらにライ麦系を極めたい方は、次のステップとして、熟成期間の長い上級のライを飲んでみてください。ライ麦比率の小さいものと大きいもの、熟成の短いものと長いもの、2×2＝4種類を並べると、ライ麦由来のスパイスと樽由来のスパイスの違いはある程度見えてくると思います。

小麦③「バーンハイム・オリジナル《BERNHEIM ORIGINAL》」

ついにホイートの登場です。「バーンハイム・オリジナル」は、おそらく日本で流通している唯一のものではないでしょうか。やや知名度は低いですが、こちらをご紹介します。「小麦らしさ」を理解する最初の1本にしたかったのですが、1本目からいきなり見つけづらいものは避けたいという気持ちからこのタイミングでの登場です。マッシュビルは**小麦：トウモロコシ：モルト＝51：39：10**。

小麦使用のバーボンよりもさらにマイルドで、新樽を使ってはいるものの、ほっとする温かみのあるウイスキーです。

多くのバーボンにあるスパイシーさに疲れたら、こういったボトルを挟んでみるのも1つの手ではないでしょうか。特殊枠ではありますが、自宅に1本置いておいて、定期的に飲みたいボトルです。

コーンウイスキー

5大ウイスキーの項でも「特殊枠なので後ほど」と言っていたコーンウイスキーですが、ついにその時がやって参りました。

原料はもちろんトウモロコシで、80％以上使用することが条件です。既にアメリカで最大の生産量があるバーボンについて述べましたが、「トウモロコシ51％以上……」という内容でしたね。特に、初めに登場した「**I・W・ハーパー・ゴールドメダル**」はトウモロコシが86％なのにバーボンを名乗っていました。コーンと何が異なるのでしょうか。この辺りを、「コーンウイスキーが特殊とされる理由」も踏まえてお話ししたいと思います。

これまでのアメリカンはいずれも内側を焦がした新樽での熟成が義務付けられていました。コーンが変わっているのは「**熟成させなくても良い**」ということ。中にはほとんど透明に近いようなものも存在します。ウイスキーの定義から覆していく構えです。

コーンの中には「**ストレートコーンウイスキー**《STRAIGHT CORN WHISKEY》」というのがありますが、こちらは樽での熟成が必要です。上位版のような立ち位置ですね。ただし、他のアメリカンとは異なり、内側を焦がした新樽は使用してはいけないことになっています。熟成には内側を焦がしていない新樽または古樽が用いられます。

ちなみに、バーボンの中にも「**ストレートバーボンウイスキー**《STRAIGHT BOURBON WHISKEY》」という括りが存在します。もし、身近にバーボンのボトルがあれば見ていただきたいのですが、頭に「ストレート」が入っているものがほとんどだと思います。コーン以外のバーボンなどでは、2年以上熟成させたものでは、「ストレート」を名乗ってよいことになっていますが、流通しているバーボンはほとんどが2年以上熟成させた「ストレートバーボンウイスキー」なので、普段は何も付けずに「バーボン」と呼んでいます。

先ほどの「**I・W・ハーパー・ゴールドメダル**」では、トウモロコシ86％と、原料はコーンとバーボン両方の定義を満たしますが、熟成を新樽で行っているので、コーンの定義から外れ、バーボンになります。

「ニュートラルな酒質で樽感も弱い」というと、とてもさらっとしたウイスキーを想像しますが、実際には熟成の短さなどもあり、軽やかでありながら、意外とパンチのあるものも多いです。

テネシーウイスキー

超有名銘柄の「ジャックダニエル」がまだ登場していないのにお気づきでしょうか。居酒屋さんなどにも置いてあるので、聞きなじみがある方も多いと思います。テネシー《Tennessee》というジャンルに分類されていますが、実はこれバーボンに含まれているんです。どういうことかというと、バーボンのうち、以下の2つの条件を満たしたものをテネシーと呼んでも良いことになっています。

①テネシー州で造られていること
②蒸留後にサトウカエデの炭でろ過を行うこと

この章の頭でも少しだけ触れましたが、「テネシー」というのは州の名前で、ケンタッキー州のお隣ですね。ここで造られていることが1つ目の条件になります。

2つ目は聞きなじみがないですね……。テネシーと名乗るためには、蒸留されたものをまず、サトウカエデの炭でろ過し、それから木樽で熟成させる、という特殊な製法を用いていないといけません。この製法は「**チャコール・メローイング製法**《CHARCOAL MELLOWING》」と呼ばれます。

この工程で、サトウカエデの炭から香味を得るのと同時に、不快な香気成分を吸着する、と言われています。ニューポットの雑味を取り除く、というようなイメージを持っていただけると良いと思います。

とは言っても実際に経験しないとわかりませんよね。日本に入ってきているものもかなり種類が少ないですが、有名どころのジャックダニエルを一緒に飲んでみましょう。

テネシー「ジャックダニエル《Jack Daniel's》」

マッシュビルは**トウモロコシ：ライ麦：モルト＝80：8：12**とライ麦がやや少ない構成です。バーボンウイスキーとの違いに注目してみたいところですが、正直かなり難しいと思います。

樽の雰囲気が上品です。メープルシロップみたいですね。これまでのものと要素自体は共通するものもありますが、最も大きな違いは、除光液、油性ペン系のケミカルな香りがかなり強いことです。「これがテネシーの特徴か！」と思う気持ちはわかるのですが、早まらないでください。あくまでジャックダニエルの特徴です。

それでは、テネシーの特徴は何かというと、**「飲み口の綺麗さ」**です。チャコールメローイングですね。少なくともこれは共通していて、【ジョージディッケル】というもう1つの蒸留所（次項参照）は「月光のようになめらか」という何とも魅力的なキャッチフレーズがあるくらい。【ジョージディッケル】にもケミカルなフレーヴァーはあることにはあるのですが、「ジャックダニエル」ほどではありません。

このようなフレーヴァー、好き嫌いが分かれそうなものですが、「ジャックダニエル」は世界で最も売れているアメリカンウイスキー。味わいのなめらかさが好まれている理由ではないでしょうか。

アメリカの蒸留所

ここまでは、アメリカンウイスキーをどのように飲み進めていくのが良いか、というのをメインにお伝えしてきました。まずは原料から初め、それらの中で、熟成年数などの違いから味わいが多様になっていく様子をなんとなくわかっていただけたのではないかと思います。

ただし、先ほどのように同じ蒸留所のものでも、大きく味わいが異なることも珍しくありません。ある程度は傾向があるのですが、どうしても経験を積んでいかないと理解しにくいエリアです。

アメリカンウイスキーを気に入った方はこれから様々なボトルに出会う機会があると思うのですが、ただやみくもに飲んでいくのではわかりづらい上に、せっかくこれまで読んでいただいた知識を運用しづらいと思います。

そこで、ここからは、アメリカのブランドを蒸留所ごとに、これまでの内容と紐づけしやすいようにご紹介していきます。冒頭でお話しした、「ブランドと蒸留所が一致していない」という問題もある程度は解決できると思います。

また、重要なデータである、マッシュビルもわかる範囲で記載しました。全部を読む必要はないので、これまでに登場していないボトルと出会ったときに参考にしていただければ、と思います。ブランドが多過ぎるので、ページ数の関係で全てに細かい説明をつけることはできませんでした。マッシュビルなどの参考にご利用ください。

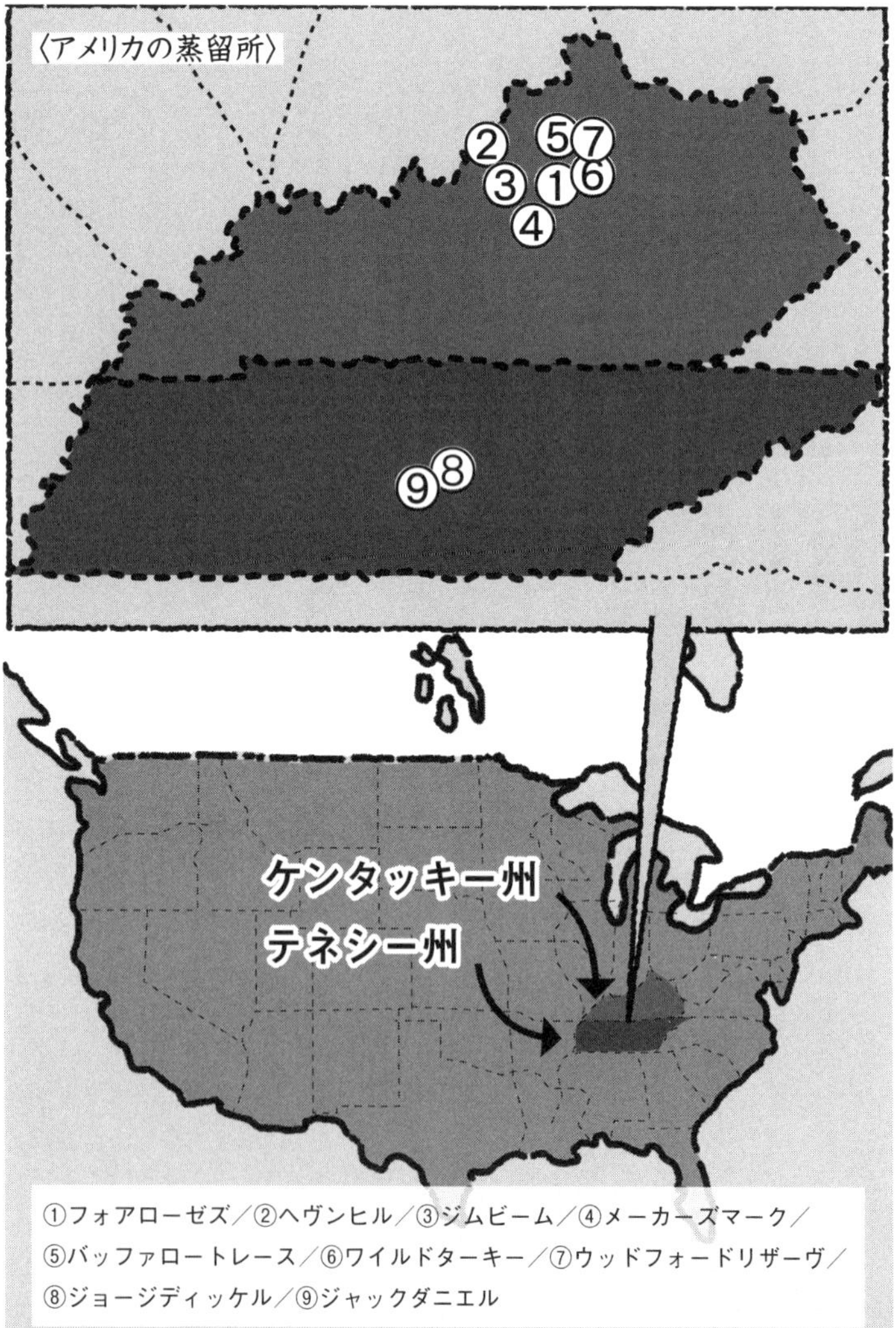

①フォアローゼズ／②ヘヴンヒル／③ジムビーム／④メーカーズマーク／
⑤バッファロートレース／⑥ワイルドターキー／⑦ウッドフォードリザーヴ／
⑧ジョージディッケル／⑨ジャックダニエル

【フォアローゼズ《Four Roses》①】

【フォアローゼズ】では2種類のマッシュビル、5種類の酵母を使い分けているため、2×5＝10種類の原酒が造られます。さらにそれらをブレンドしているため、味わいは多様です。ブレンド比率などの情報がないため、本格的に「飲んでみる」しかない銘柄。ブランドは〈**フォアローゼズ**〉のみですが、様々なラインナップがあり、それぞれのキャラクターがだいぶ異なります。

〈フォアローゼズ〉

エントリーレンジは「**イエロー**」ですが、やや軽めに造られているため、1つ上の「**ブラック**《Fine Old》」くらいだと蒸留所のスタイルが分かりやすいかもしれません。気に入れば「**スモールバッチ**《SMALL BATCH》」や「**シングルバレル**《Single Barrel》」に進んでみてください。

ただし、最上位の「**プラチナ**《Super Premium》」などは非常に華やかでエレガントなスタイルとなり、またまた違ったキャラクター。1つのブランドの中で様々なテイストを展開しているのが特徴です。「飲んでみるしかない」とは言いましたが、商品数は多くないのでいろいろ試してみてください。

【ヘヴンヒル《Heaven Hill》（バーンハイム《Bernheim》）②】

かなりのブランド数を持っている蒸留所。そのほとんどは**トウモロコシ：ライ麦：モルト＝78：10：12**のマッシュビル（近年ライ麦比率が13％に変更された、という話もありますが些細な違いで正直、あまりわかりません）ですが、「オールドフィッツジェラルド《OLD FITZGERALD》」（終売品）のみ、小麦を使用したトウモロコシ：小麦：モルト＝70：20：10の構成です。

ライウイスキー、ホイートウイスキー、コーンウイスキーとあらゆるラインを造っています（ただし、ライ、コーンは日本に入ってきていません）。既に登場した「バーンハイム・オリジナル」もこちらの蒸留所の製品です。

〈エライジャ・クレイグ《ELIJAH GRAIG》〉

現行品は「スモールバッチ《Small Batch》」がメインの商品になっていますが、「12年」もぜひ飲んでみてください。もともと好きなボトルだったのですが、値段が3倍以上（7000円ほど）になってしまったので手が出しづらくなってしまいました。とはいえ「スモールバッチ」でも十分にエッセンスを楽しめます。3000円の予算であれば必ず候補に挙がる1本です。

〈エヴァン・ウィリアムス《Evan Williams》〉

既にご紹介したブランドです。お勧めは「12年」。3500円程度ですが、このスペック、クオリティでこの価格は値段以上の満足度があると思います。いずれのボトルもライ麦のニュアンスがしっかり出ています。

〈ヘンリーマッケンナ《HENRY McKENNA》〉

こちらもライ麦使用ですが、おしとやか。飲み始めで、知識が何もない時は、恥ずかしながら「メーカーズマーク系」のウイスキーだと思っていました。本書を読まれてきた皆様でしたら、ライ麦香はしっかり感じ取れると思います。とはいえ比較的マイルドな性格ですね。

【ジムビーム《Jim Beam》③】

メインのブランドは日本でも有名な〈ジムビーム〉ですが、そのほかにもいくつかの銘柄を造っています。マッシュビルが非公開なので、本書では取り扱いづらく、ここで初登場となってしまいました。しかし、比率が非公開でもこれまでのように飲み進めれば個性を捉えられるので、ぜひいろいろ飲んでみてください。

公式ではありませんが、**スタンダードなマッシュビルがトウモロコシ：ライ麦：モルト＝76：12：10、ライ麦比率の高いマッシュビルが63：27：10**と言われています。その他にライウイスキーも造っています。ここで紹介していないものでは〈ノブクリーク《KNOB CREEK》〉や〈ベイカーズ《BAKER'S》〉なども同蒸留所のラインナップで、いずれもスタンダードなマッシュビルの方が採用されています。

〈ジムビーム〉

スタンダードなマッシュビル。いろいろなラインナップがあります。このブランドも、個人的には「飲んでみる」しかないブランドだと思っていますが、ボトルでも２０００円台以下のものがほとんどなので、気軽に試してみてください。

〈ブッカーズ《Booker's》〉

バレルプルーフ《Barrel proof》（282ページ参照）でアルコール度数は60%超えとなかなか厳ついです。熟成の環境が特殊なのか、熟成を経てもアルコール度数が樽詰めと同じくらいに保たれています。高品質バーボンの代表銘柄で定価より高値で取引されることもしばしば。様々なロットでリリースされていますが、間違いのない1本だと思います。こちらもスタンダードなマッシュビルで造られています。

〈オールドグランダッド《OLD GRAND-DAD》〉

こちらはライ麦比率の高いマッシュビル。「114プルーフ」というアルコール度数が57%の商品はバーテンダーさんからの支持率も高い、コストパフォーマンスの高い1本です。「ライ麦主体でアルコール度数まで高い」となると強いウイスキーをイメージしてしまいますが、スパイスが過剰に出ていることもなく、数字の割に親しみやすい出来栄えです。

【メーカーズマーク《Maker's Mark》④】

小麦を使用したバーボンウイスキーが少ない中、**全てのボトルでトウモロコシ：小麦：モルト**

＝70：16：14のレシピを使用し、まろやかな風味を貫いています。ボトルキャップの赤い蝋が特徴的ですが、これらは全て手作業で行われているため、全く同じものは存在しないらしいです。
ブランドは〈メーカーズマーク〉のみ。

〈メーカーズマーク〉

「レッドトップ」とも呼ばれるスタンダード「メーカーズマーク」が既に登場しましたが、そのほかにも「46」や「カスクストレングス《Cask strength》」があります。

いずれもマッシュビルは変わらず、「メーカーズマーク」の上位互換的な立ち位置です。「46」はフレンチオークの板を樽に漬けこむ独特な製法で、樽のニュアンスが上品かつリッチに表れています。一方「カスクストレングス」はスタンダード品をさらに濃縮したような力強い味わい。それぞれキャラクターは異なりますが、小麦派の皆さんにはどちらもお勧めしたい1本です。

【バッファロートレース《Buffalo Trace》⑤】

こちらも多くのブランドをリリースしています。また、親会社のサゼラック《Sazerac》社は、蒸留所をいくつか所持していて、全体での生産量もとても多いです。

そのうち、既に登場した**【バッファロートレース】**で造られるものはトウモロコシ：ライ麦：モルト＝80：10：10の比率でした。スタンダードですね。もう1つのトウモロコシ：小麦：モルト＝65〜75：15〜25：10のマッシュビルは左の中では「W・L・ウェラー」のみです。ややや変動があることも再度お伝えしておきます。

〈バッファロートレース〉

ライ麦の項でご紹介した銘柄です。「バッファロートレース」は8年程度の熟成を経て、選抜された樽からのみブレンドするため安定して品質が高い優良ボトルです。

〈ブラントン《Blanton's》〉

球形の瓶に詰められ、競走馬を模したボトルキャップが印象的なブランドです。**全てのボトルをシングルカスクで瓶詰めしている**のが特徴で、樽由来の香ばしさと熟成による深みを味わえるワンランク上の銘柄です。

〈W・L・ウェラー《W. L. Weller》〉

既にご紹介した小麦使用のブランドです。その中でも小麦の比率が高く、やはり、小麦由来のマイルドで、優しい口当たりが特徴。

【ワイルドターキー《Wild Turkey》⑥】

〈ワイルドターキー〉のブランドのみです。マッシュビルはトウモロコシ：ライ麦：モルト＝77：12：11。ライ麦由来のスパイシーさを強く感じられる、ガツンとした男性的なティピシテがあります。

〈ワイルドターキー〉

普段飲みに最適なのは先述した「8年」ですが、ちょっと背伸びしてワンランク上のものを飲みたいときには「レアブリード《RARE BREED》」がお勧めです。

熟成のピークに達したもののみをバレルプルーフで瓶詰めしているため、アルコール度数は60%近くになります。背伸びとはいえ4000円程度。熟成が8年程度だとしてもお買い得感のあるボトルです。イメージとしては「特に品質の高い「8年」のバレルプルーフ」という感じです。

【ウッドフォードリザーヴ《Woodford Reserve》⑦】

バーボンウイスキーの蒸留所で唯一の3回蒸留をしています。一般的に、アメリカンウイスキーは連続式に近い蒸留方法をとっていましたが、こちらはシングルモルトウイスキーと同様の造り方ですね。ただし、トウモロコシが主体なので、もちろん味わいは大きく異なります。

〈ウッドフォードリザーヴ《WOODFORD RESERVE》〉

3回蒸留の特徴を掴んだところでその他に応用が利かないので、本文中では取り上げませんでしたが、興味がある方にはぜひ飲んでいただきたい銘柄です。連続蒸留よりもキャラクターを表現しやすいですが、決して奇をてらっているわけではなく、秀逸なボトルを生産しています。

【ジョージディッケル《George Dickel》⑧】

ここから2つが**テネシーウイスキー**です。トウモロコシ：ライ麦：モルト＝84：8：8というトウモロコシが多いマッシュビルでした。知名度は高くないですが、初めの3本で「I・W・ハーパー・ゴールドメダル」がお好みだった「トウモロコシ派」の方にはぜひ知っていただきたい蒸留所です。

〈ジョージディッケル〉

「月光のようになめらか」と評されるスムースな飲み口。スタンダードとされるのは「No.8」ですが、値段がほとんど変わらないので、本文では上位ラインの「No.12」をご紹介しました。「No.8」の方が熟成期間が短い、などいくつか違いはあるのですが、かなり細かい情報までホームページに掲載してくれています。気に入った方はぜひ検索してみてください。

【ジャックダニエル《Jack Daniel's》⑨】

トウモロコシ：ライ麦：モルト＝80：8：12で、ライ麦が少ないです。日本でも人気があるので、いろいろ試しやすいと思います。

〈ジャックダニエル〉
〈ジェントルマンジャック《GENTLEMAN JACK》〉

正確には、〈ジェントルマンジャック〉は別ブランドのようですが、上位ラインと考えて問題ありません。

ただし、ジャックダニエルブランドの中に、さらにハイグレードなレンジもあるので、「ジャックダニエル」→「ジェントルマンジャック」→「ジャックダニエル・シングルバレル《SINGLE BARREL》」という順番に進めて行くのがお勧めです。

アメリカンウイスキーを知るための3本

アメリカンは「実際に飲んでみる」ことが非常に重要です。マッシュビルが同じでも味わいが全く異なることもあるわけですし、データだけでは判断しきれないジャンルでもあります。

そのため、本書では「飲み進め方」をメインにお話ししてきました。実際にボトルの味わいを長々説明するとそれだけで相当なページ数になってしまいますし、インターネット上で十分なほどの情報が得られます。二番、三番煎じをここでしても仕方がないので、個々のボトルをたくさんご紹介することはしません。

とはいえ、冒頭でお話ししたように、アメリカンはややこしい部分が多いです。そういった煩わしい点を極力解消するために、蒸留所とブランド、そして分かる限りのマッシュビルをリストアップしました。これらの情報があれば、ここまで得た知識を運用しやすくなると思います。

いろいろなボトルを試す前に、まずはこの時間にお話ししたことを実感してほしいので、ここでのチョイスはやはり最初の3本が良いと思います。この3本をベースに「○○はライ麦の要素が強くて……」といったように、自分なりのアメリカンの枠組みを作っていっていただけたらと思います。

とにもかくにもこの3本ですが、余力があれば、ぜひもう2～3本飲んでみてください。どのタイプに近い（どの原料の要素が強い）か、樽の強さはどうか、など、これまでの進め方をぜひ自分でも実践してみてください。

1 I・W・ハーパー・ゴールドメダル トウモロコシ

アメリカンを飲む際の基準にできるボトルです。トウモロコシ主体のニュートラルな味わい。「ニュートラルなことを理解する」というのは難しい気もしますが、これの味わいを覚えるのが、各要素を理解する近道です。じっくり飲んでいただきたいです。少量含まれているライ麦のニュアンスは、初めのうちはわかりづらいかもしれませんが、コーンウイスキーの「プラットヴァレー」あたりと比較すると理解が早まると思います。

2 ワイルドターキー8年 ライ麦

ライ麦由来のスパイスが豊かです。安い、美味しい、度数が高いと三拍子揃った良ボトルです。ライ麦使用バーボンの基準ボトルとして購入しても間違いないと思います。

ライ麦のニュアンスを知るための近道はどんなバーボンを飲むことよりも「ライ麦のパンを食べること」です。ぜひ一度探して、経験してみてください。アメリカンを進めるのが格段にスムースになりますよ。

3 メーカーズマーク 小麦

豊潤でまろやかな小麦を使用したボトルです。ふくよかなボディにも注目です。20歳を超えたらなかなか機会もないかもしれませんが、ぜひ樹液の香りもかいでみてくださいね。しつこいようですが、小麦使用のバーボンは少数派です。このタイプがお好みなら、メーカーズマークの別ボトルや、ホイートウイスキーなんかに手を伸ばしてみてください。

［お口直しのコラム5］

アメリカ特有の用語

アメリカンウイスキーを一通り見たあとですが、用語の説明をさせてください。

アメリカで使われている独特の表現があるのですが、ワードが違うだけのものもあるので、難しいことはありません。単語の下に日本語で意味を付記しておきます。

①プルーフ：アルコール度数

正確には「アルコール強度」と呼ばれますが、細かいので気にしないで大丈夫です。アメリカではアルコール度数の2倍の値を表す言葉で、

「80プルーフ＝40％」
「100プルーフ＝50％」

といった具合です。

②バレル：樽

「樽」のことをスコットランドでは「カスク」と呼んでいましたが、アメリカでは「バレル」と呼びます。

スコットランドでも、アメリカから輸入される200リットルほどの樽のサイズを「バレル」と呼んでいましたね。

「シングルカスク」は「シングルバレル」に、「カスクストレングス」は上のプルーフと合わせて「バレルプルーフ」ということになります。

③ボンデッド／
ボトルド・イン・ボンド

細かいです。正確には「ストレートウイスキーのうち、4年以上熟成させ、アルコール度数50％（100プルーフ）で瓶詰めしたもの。更に、1蒸留所、1年、1シーズンに蒸留されたものだけを樽詰めし、政府監督の保税倉庫で熟成しなければならない」なのですが、覚えるのはしんどいですね。

ですので、「4年以上熟成させた、50％のウイスキー」くらいのイメージで良いと思います。

それすらも面倒だったら「1ランク上のボトル」で結構です。そんなに実用的ではありません。

chapter6

Get drunk with the light taste of Canadian whisky.

6杯目　カナディアンウイスキーに酔《よ》う

カナディアンウイスキーを飲む

カナディアンウイスキーのお品書き

最後に、カナダを見てみましょう。

カナディアンウイスキーはカナダで造られているウイスキーです。こちらも必要な定義は後々紹介します。

カナディアンは生産量こそ非常に多いものの、日本に入ってきている銘柄が極端に少ないので、ご紹介できる銘柄も限られてしまいます。日本で飲めないボトルを取り上げても仕方がないので、日本で流通のあるものをメインにお話を進めて行きます。そのため、今回は軽めです。

アイルランドと同様に、バーでは1銘柄（今回は「カナディアンクラブ」）のみしか取り扱っていないことが多いので、まずは「カナディアンクラブ」を飲んでみて、自身の好みに合うかチェックすることから始めてみてください。

ちなみに、こちらはボトルのお値段が1000円程度。バーでの価格が1杯700円程度なの

でボトルで購入してしまっても良いかもしれません。

カナディアンにはフレーヴァリングウイスキーとベースウイスキーがあり、それらをブレンドしたブレンデッドウイスキーがほとんどでした。原料としてはアメリカに近いですが、原料の比率が公表されていないことが多いので、そこもまた難しいところです。

進め方としてはリーズナブルなものを試してみて、それから少し上のラインナップを飲んでみましょう。1000円前後までのものを初級編、2000円程度のものを中級編としておきましょうか。流通しているボトルがあまりに少ないので、これくらいざっくりした分類で十分だと思います。

初級編

「カナディアンクラブ《Canadian Club》」

冒頭でお話しした通り「カナディアンクラブ」からスタートします。「カナダ感」全開の軽やかで優しいスタイル。これまで飲んできたものと比べるとかなりニュートラルですよね。

黒糖や「ふがし」のような、カナディアンらしい甘さにウッディな風味が加わり、木樽熟成された上品なラム（特にマルティニークのもの）のような風味もあります。通常、このようなラムは安く見積もっても2000円以上はするので、1000円程度でこの風味があるのは、非常にコストパフォーマンスが良いと思います。

ちなみに、「アルコールを強く感じた」という方はいらっしゃいませんか？　私もそうですが、これまでに何人もの方からそういう感想を聞きました。アルコール度数は40%と、ウイスキーの世界では低いですが、おそらく、他の要素が弱いために、相対的にアルコールの成分を強く感じているのだと思います。控えめですものね。

さて、まだ1本しかご案内していませんが、初級編は「カナディアンクラブ」のみにしました。決して「後半で面倒くさくなった」とかではありませんので、理由をご説明させてください。

各蒸留所のエントリーレンジは1000円を少し超えるくらい。やはり、低価格帯のものは、「限られた予算で何とか美味しいものを造る」という傾向が強いので、なかなか「ティピシテの表現」までは届きづらいのが現状です。また、この価格帯は普段飲み用のボトルになるので、毎日飲めるような、ニュートラルなものが求められる、という節もあるのかもしれません。

しかしながら、もともと主張の弱いカナディアンを、さらに飲み疲れしないように……という風に造ると、優しい味わいで癖はないものの、やや個性に乏しいものになってしまいます。このような味わいなのでデイリー枠としてはとても有用なのですが、何種類かを並べて比較試飲……というようなタイプではない、と私は思っています。まあ、この主張の少なさが特徴と言えば特徴なのですが……。

ですので、この価格帯はたくさんの種類を試さなくてもいいんじゃないかな？　と個人的には思っています。躍起になって違いを探すこともない気がしますが、それでもどうしても気になるという方は、1000円くらいの別なものを「カナディアンクラブ」と比較してみてください。きっと私の言っていることが伝わると思います。

ということで、初級編はこの程度にして、2000円程度の「ワンランク上のボトル」にページを割きましょう。このくらいから、ティピシテを捉えやすくなります。この値段で「ワンランク上」が購入できるのもカナディアンの魅力の1つですね。ただ、「違いが出始める」中級編でさえ、結構似ていると感じるはずです

「クラウンローヤル・デラックス《Crown Royal DELUXE》」

知名度はカナディアンクラブには及びませんが、「クラウンローヤル・デラックス」も有名な銘柄です。おいてあるバーも多いと思います。ボトルの見た目通りの味わいで上品。ファンも多いです。

香りから、繊細なのが伝わってきますね。黒糖のような香りや、ブランデーのようなニュアンスもあります。今回は「アルコールを強く感じた」という方は少ないのではないでしょうか。やはり香りの要素が複雑になり、気にならなくなったのだと思います。

まだ、2本目ですが、カナディアンはフルーツ香がメイン、というよりはデザートっぽい甘さが主体となることが多いと感じていただけると思います。ヴァニラだったり、黒糖だったり、メープルシロップだったり……。後味もやや甘みを帯びたものになります。

その中でもこちらのボトルは甘ったるくならず、エレガント。「カナディアンクラブ」と比べるとライ麦っぽいスパイス香が豊かなので、締まりがあるように感じるのかもしれません。ぜひスパイスにも注目してみてください。ただ、アメリカンほど強くはありません。

「カナディアンクラブ・クラシック《Canadian Club Classic》12年」

「カナディアンクラブ・クラシック12年」は「カナディアンクラブ」の上位ボトルです。ずいぶん色が濃いですね。これはチャーを施したバーボンバレルで熟成されているからです。

そもそも、「12年」という熟成はカナダやアメリカの中ではかなり超熟な部類。というのも、北アメリカでは夏冬の寒暖差が大きく、熟成が早く進むからです。「天使の分け前」も年間4〜5%。結構飲まれてしまっていますね。

チャーしたバーボンバレルということで、ヴァニラや木香が豊かです。スムースさはそのままに、よりリッチで深みのある仕上がり。甘みのある後味だったエントリーレンジと比べて、ラストはドライできりっとした口当たり。それでいて、口に含んだ時のふくよかさはしっかり残っている。とてもわかりやすく、グレードアップしています。

「アルバータ・プレミアム《ALBERTA PREMIUM》」

「アルバータ・プレミアム」は原材料のほとんどがライ麦です。ぜひ、アメリカのライと比較していただきたいのですが、非常になめらかです。アメリカではライ麦が10%くらいでもかなりスパイシーでしたよね。甘みが上品でスパイス感はあるもののとても柔らかく表現されています。というのも、アメリカと違い、カナダには新樽縛りがないので、「アルバータ・プレミアム」は新樽60%、古樽40%で仕上げています。

おさらいですが、樽由来のスパイシーさが加わるとライ麦のスパイシーさも際立つのでしたね。アメリカとは違った角度から熟成のアプローチをすることで、ライ麦主体のマッシュビルであってもこれだけ優しい味わいを演出しています。

カナダの蒸留所

蒸留所ごとにブランドをご紹介します。再三申し上げているように、カナディアンはなかなか見つけられないですが、興味があればネットショッピングなどを利用して探してみてください。もちろん日本で見つけられないボトルは省いています。ここまでに登場したブランドには幾つかのラインナップがあるので、そちらを飲んでみることをお勧めします。

【アルバータ《Alberta》①】

フレーヴァリング、ベースの両方がライ麦メインのレシピから造られています。糖化にモルトを使用しますが、それ以外は全てライ麦を使用するので「ライ麦１００%」なんて書かれることもあります。

「アルバータ」

「**アルバータ・プレミアム**」を既にご紹介しましたが、上位ラインの「**ダークバッチ**《DARK BATCH》」がすごく面白いので、ご紹介させてください。

カナダのちょっと変わった法律を覚えていますか？「9・09%まで他の国のものをブレンドして良い」のでした。このフレキシブルさを最大限に活かしたのがこの「**ダークバッチ**」です。

新樽で熟成したフレーヴァリングと古樽で熟成したベースで91%。残りの8%がバーボン、1%がスペインのシェリーです。わずか1%ではありますが、シェリーの甘みが出ていて、とても重層的な味わいになっています。クラフト的な造りですが、こういった大胆なブレンドはカナダならではでしょう。

【ブラックヴェルヴェット《Black Velvet》②】

典型的なカナディアンで、優しいスタイルです。ブランドは〈ブラックヴェルヴェット〉のみでリリース自体も2種類しかありません。

「ブラックヴェルヴェット」

毎日飲める優しいスタイルですが、上位の「8年」では深みが増して、上品です。

【ギムリ《Gimli》③】

主力商品の名前をとって「クラウンローヤル蒸留所」と呼ばれることもあります。

「クラウンローヤル《Crown Royal》」

定番の「ファインデラックス」はもう取り上げましたね。その他にぜひ飲んでいただきたいのは「ノーザンハーベストライ《NORTHERN HARVEST RYE》」です。「ファインデラックス」のスムースさは共通していますが、造りの違いで異なる個性を持っています。名前の通りライ麦主体のブレンドで、なめらかながら、ライ麦由来のスパイスが豊かです。こちらのボトルは過去に評価誌で、世界一を獲得したウイスキーです。

【ハイラムウォーカー《Hiram Walker》④】

特徴としては、ベースとフレーヴァリングをニューポットの段階でブレンドし、樽に詰めることでしょうか。ただ、やはりサンプルが少ないので、どのような効果があるのかははっきりとは言えません。

「カナディアンクラブ《Canadian Club》」

いろいろなボトルがリリースされていますが、低価格帯でも美味しいのが魅力です。カナディアンウイスキーが好きな方であれば、どのボトルを買っても失敗することはないと思います。

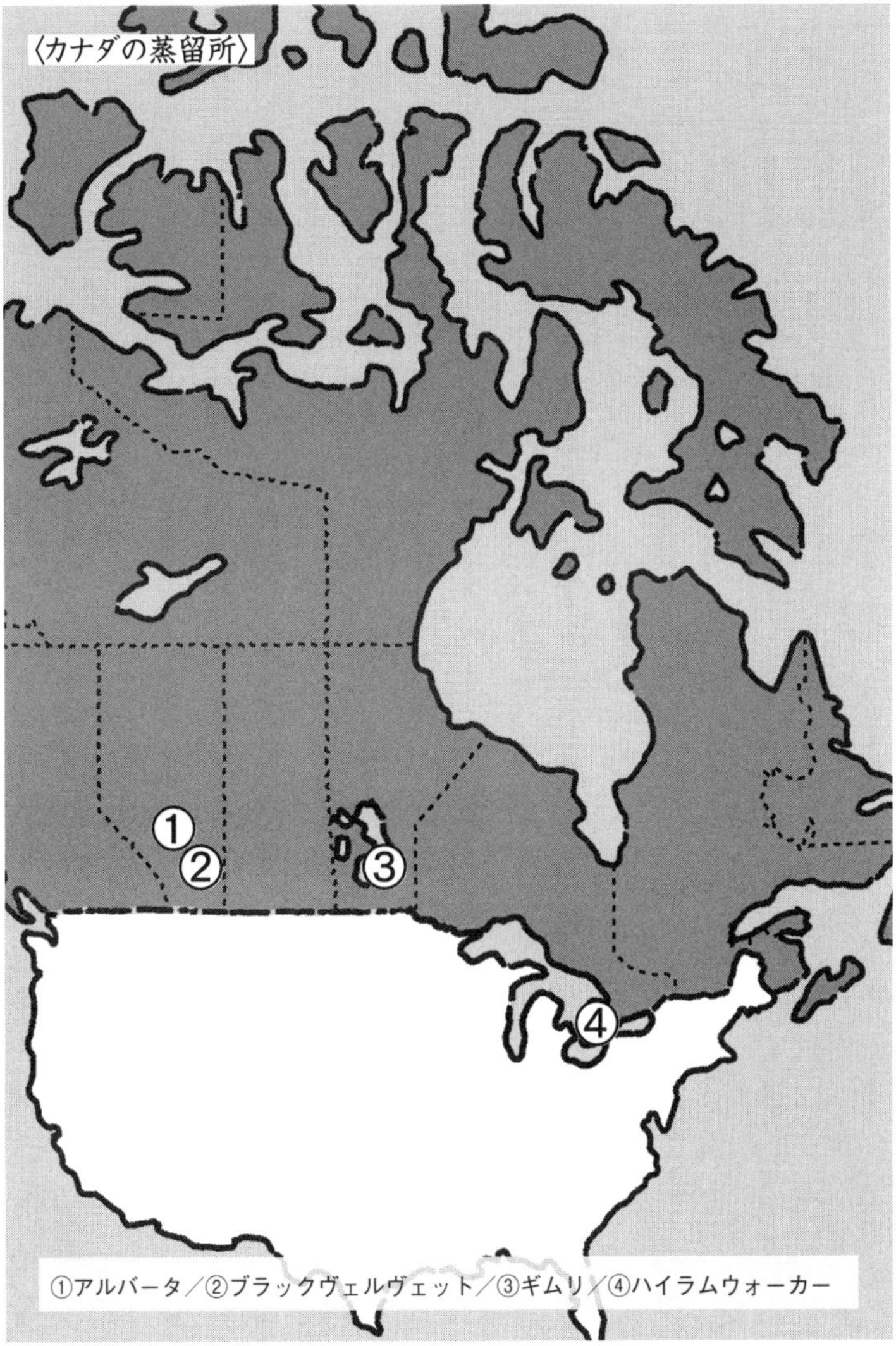
〈カナダの蒸留所〉
①
②
③
④
①アルバータ／②ブラックヴェルヴェット／③ギムリ／④ハイラムウォーカー

カナディアンウイスキーを知るための3本

まず定番中の定番、「カナディアンクラブ」を飲んでみて、好みに合うかを探りましょう。ニュートラルな性格なので、嫌いな人はあまりいないと思いますが、「主張が弱い」と感じる方は少なからずいらっしゃると思います。

そういう場合は、上のラインを飲んでみましょう。それでも合わなかったら、今はまだカナディアンに駒を進めず、経験値を積み、些細な違いを感じ取れるようになってからここに戻ってくればよいと思います。

近年、新しいタイプのボトルがいろいろリリースされ、注目の産地です。ただ「飲みやすい」で終わってしまうのはもったいない。ぜひ、いずれかのタイミングでじっくり向き合ってみてください。

その他にも「クラウンローヤル・ノーザンハーベストライ」なんかは知名度も高いので、飲む機会があるかもしれません。

先述の通り、評価誌で世界一を獲得したことが大きいのかと思いますが、実はカナダやアメリカのライウイスキーがここ数年で急に上位にランクインされるようになりました。

昔と比べて、大きく味が変わったという気もしませんし、もちろん他の地域が衰退したわけでもありません。それでも評価がうなぎ上りのライウイスキー。実は、世界中から注目されているジャンルだったりします。

そして、ここ数年で日本に入ってくるようになった銘柄がいくつもあります。一足先にブームに乗ってみませんか？

1 カナディアンクラブ

1000円程度の価格帯の中では非常によくできたボトルです。とりあえず、「カナディアンクラブ」を飲み、穏やかなキャラクターを理解できたら、次に行ってみましょう。このボトルで押さえていただきたい特徴はやはり、黒糖のような甘いニュアンス。あとはウッディな香りを取れればカナディアンを理解しやすくなります。アルコールを強く感じた人もそうでなかった人もワンランク上の銘柄に駒を進めてみてください。

2 クラウンローヤル・デラックス

次は、少しだけ価格を上げて、2000円程度のこちらの「クラウンローヤル・デラックス」にしましょう。更に上品なフレーヴァーがあり、アルコールの刺激も少なくなっています。カナディアンウイスキーを飲んでみようという方は、各蒸留所のこのくらいの価格帯のものをチョイスしていただけると特徴を捉えやすいと思います。1本目の「カナディアンクラブ」と双璧をなすような二大銘柄の一つなので、まずはこの2本をお店で飲んでみて、自分の好みに合うか確かめてみてください。

3 アルバータ・ダークバッチ

上記2本と比較するとマイナーで、探すのは難しいとは思います。マストではありませんが、カナディアンウイスキーのユニークな側面を知っていただきたいので、オンリストすることにしました。面白いですよ。私の知る限りでは、カナディアンの「クラフト感」を最も感じ取れるボトルです。ただし、これからもっとユニークなものも輸入されるようになるかも……。楽しみですね。

おわりに

さて、これで全ての地域をご説明したことになります。なんとなく、頭の中にウイスキーの世界地図を作ることはできたでしょうか。とはいえ、1冊の本でご案内できる内容なんて限られているので、ここまでの内容はウイスキーの世界のほんの一部に過ぎません。

ウイスキーを楽しむ上で、大切なのは「楽しむこと」。ここまで、かなり理詰めでお話ししてきましたが、全てはこれからウイスキーを楽しむためです。後は、これまでに作った自分なりの地図に、さらに細かい情報を載せていってください。限られたページ数でしたが、「地図作り」をするためのポイントはおおよそお伝えできたつもりです。

典型を知らないと、何が特殊なのかわからない。ということで、初学者向けの本書では、基本の「典型的」なものをメインに進めてきました。多くのウイスキーはこの「典型的」な枠組みの中に収まりますが、何事にも例外はつきものです。「この地域なのにこんな味がする」「あいつが言ってたことと違うじゃん」というようなこともあるかもしれません。

そういう「特殊」なものと「典型的」なものの組み合わせで、知識が構成されていくのだと思います。典型的なものを知り、「既にある地図をさらに詳細にする」ことと、特殊なものを飲んで、「地図の面積を広げていく」こと。どちらも、間違いなく、ウイスキーを知ることと同義です。全部が全部、典型的だったら面白くないですものね。

一度始めたら、楽しくなってやめられなくなると思います。ウイスキーは知的好奇心が刺激されるお酒です。私が言うことでもない気がしますが、マニアックな人が出てくるのも納得です。


これまで、何かしらの書籍で挫折した人も、本書を読み終えた今、改めてその書籍を読んでみてください。「乾杯の前に」でもお話ししたように、「入門的な内容も網羅しつつ、専門書の入り口まで」がコンセプト。これまで「何がなんやら」状態だったところもかなり理解できるようになっているはずです。

また、もし機会があれば蒸留所にも足を運んでみてください。実際にウイスキー造りの工程を見ると、楽しみが何倍にも膨れると思います。私も蒸留所巡りをして、さらにウイスキー好きが加速した1人です。


最後に語ってしまいましたが、とにもかくにも、みなさまのウイスキーライフが充実することを祈っております。

本書が少しでも貢献できれば、これ以上の喜びはありません。どうぞ、これからもウイスキーと仲良くなっていただけたら、と思います。

Index

あ

い

う

え

お

か

【著者略歴】
山下 大知（やました・だいち）
千葉大学医学部医学科卒。在学中にバー、レストラン、販売の経験をする中でウイスキーやワインに興味を持ち、年間500種類以上のウイスキーを飲むようになる。ウイスキー検定一級、日本ソムリエ協会ソムリエ、日本ワイン検定一級保持。YouTubeチャンネル「Online Wine Lesson」を運営。「お酒に興味を持った人が挫折しないようにお手伝い」することをコンセプトに、お酒の魅力を広めている。

【参考文献】
『ウイスキー検定公式テキスト』　土屋守監修　小学館
『新版 シングルモルトを愉しむ』　土屋守著　光文社
『BOURBON Curious』　FRED MINNICK 著　ZENITH PRESS
Whisky magazine（https://whiskymag.com/story/tasting-wheel）

いちばんよくわかる
ウイスキーの教室

2020年　4月22日第一刷
2021年11月24日第二刷

著者　山下大知

発行人　山田有司

発行所　〒170-0005
株式会社彩図社
東京都豊島区南大塚3-24-4MTビル
TEL：03-5985-8213　FAX：03-5985-8224

印刷所　シナノ印刷株式会社

イラスト　Hanna

URL https://www.saiz.co.jp　https://twitter.com/saiz_sha

ISBN978-4-8013-0444-4 C0058